材料理化检测测量不确定度评定案例选编

中国合格评定国家认可委员会
宝山钢铁股份有限公司中央研究院　主编

中国质检出版社
中国标准出版社
北　京

图书在版编目（CIP）数据

材料理化检测测量不确定度评定案例选编/中国合格评定国家认可委员会，宝山钢铁股份有限公司中央研究院主编. —北京：中国标准出版社，2018.10
ISBN 978‐7‐5066‐9040‐9

Ⅰ.①材…　Ⅱ.①中…　Ⅲ.①工程材料—物理化学性质—检测—案例—汇编　Ⅳ.①TB302

中国版本图书馆 CIP 数据核字（2018）第 157976 号

中国质检出版社
中国标准出版社　出版发行
北京市朝阳区和平里西街甲 2 号（100029）
北京市西城区三里河北街 16 号（100045）
网址：www.spc.net.cn
总编室：(010) 68533533　发行中心：(010) 51780238
读者服务部：(010) 68523946
中国标准出版社秦皇岛印刷厂印刷
各地新华书店经销

*

开本 787×1092　1/16　印张 8.25　字数 190 千字
2018 年 10 月第一版　2018 年 10 月第一次印刷

*

定价：48.00 元

编　委　会

序

　　测量不确定度是"表征合理地赋予被测量之值的分散性，与测量结果相联系的参数"，即描述了测量结果正确性的可疑程度或不肯定程度。由于当代高新技术迅猛发展的需要，对各行业实验室检测/校准结果的可靠性要求越来越高，在许多情况下除了要获得检测或校准结果外，还要求知道检测或校准结果的测量不确定度。在按照相关标准规范做出符合性判定时亦需要不确定度信息。国际实验室认可合作组织（International Laboratory Accreditation Cooperation，ILAC）、亚太实验室认可合作组织（APLAC）、中国合格评定国家认可委员会（CNAS）都对实验室体系运行中检测/校准/检查结果的测量不确定度评定和应用提出了新的要求。

　　材料按组成分为金属材料、非金属材料两大类。在金属材料检测测量不确定度评定的实践中，许多检测实验室认识到测量不确定度评定的重要性，但同时也感到由于理化检测专业的复杂性导致具体的评定发生困难。目前，非金属材料应用主要包括高分子材料、复合材料和陶瓷材料等。例如，高分子材料是由小分子材料聚合而成，随着聚合度或相对分子质量的不同，其宏观性能有很大差别。而测试检测相关从业人员因为对不确定度与材料特性理解的差异，在建模、数学处理方式与金属材料的检测不尽相同，缺乏统一的流程与模型，因此需要相应的不确定度评定案例以供相关从业人员借鉴与引用。

　　2006 年，CNAS 发布了 CNAS - GL10：2006《材料理化检测测量不确定度评定指南及实例》，鉴于 ISO/IEC GUIDE 98 - 3《测量不确定度　第 3 部分：测量不确定度表示指南》（简称 GUM）和国家计量技术规范 JJF 1059《测量不确定度评定与表示》均已进行重大修订，且检测方法及不确定度评定技术方法的应用也有新的发展，2015 年启动了对 CNAS - GL10 修订工作，本书是这项课题研究输出的成果之一。

　　本书针对修订后的 GUM 和计量技术规范 JJF 1059.1—2012《测量不确定度评定与表示》及 JJF 1059.2—2012《用蒙特卡洛法评定测量不确定度》，将金属和非金属材料两个检测领域综合起来，在实践的基础上通过实例的形式，采用 GUM、蒙特卡洛评定法两种方法对测量不确定度评定方法作系统、全面地描述和示范，具有方法全面、实用性强的特点，为从事材料检测的机构进行不确定度评定工作提供了参考，有助于材料检测工作质量的控制和管理，便于检测机构提供更优质的检测服务。

宋桂兰

2018 年 7 月

前　言

对材料的任何特性参量进行检测时，不管方法和仪器设备如何完善，其测量结果始终存在着不确定性。而测量不确定度是"表征合理地赋予被测量之值的分散性，与测量结果相联系的参数"，即描述了测量结果正确性的可疑程度或不肯定程度。测量的水平和质量用"测量不确定度"来评价。

1999 年，我国依据国际标准 ISO/IEC GUIDE 98 − 3《测量不确定度　第 3 部分：测量不确定度表示指南》（Uncertainty of measurement – Part 3：Guide to the expression of uncertainty in measurement）（简称 GUM）制定了国家计量技术规范 JJF 1059—1999《测量不确定度评定与表示》，虽然 GUM 和 JJF 1059 有广泛的适应性和兼容性，但不同专业、不同参数检测结果测量不确定度的评定则各有特点。实践中往往会发生理解规范容易，而实际评定困难的现象。具体的评定中，不同的参数和测试方法需要采用不同的方法来评定。许多检测实验室认识到测量不确定度评定的重要性，但同时由于理化检测专业的复杂性导致具体的评定发生困难。因此，希望能有一本实际检测工作中的材料力学性能、化学成分、物理性能测量不确定度的评定案例读物作为参考。CNAS – GL10：2006《材料理化检测测量不确定度评定指南及实例》在这个背景下应运而生，针对金属材料检测领域的专业特点，在实践的基础上通过实例的形式，对测量不确定度评定方法作了系统、全面地描述和示范。

2008 年至 2012 年间，GUM 和计量技术规范 JJF 1059 陆续进行了重大修订，即 JJF 1059.1—2012《测量不确定度评定与表示》及 JJF 1059.2—2012《用蒙特卡洛法评定测量不确定度》，包括针对模型及概率密度分布的不同进行了细化规定等，并增加了相应附件。但目前对不确定度评定的理解和应用还停留在修订前阶段，与此对应的指南性文件，已不能适应新的需求，且不确定度评定技术也有了更多新的方法，亟待修订以应对新标准进行解读及对新增、优化相应案例进行引导。因此，2015 年，CNAS 启动了对指南性文件 CNAS – GL10：2006 的修订工作。

在 CNAS 与宝钢股份中央研究院等研究单位的共同努力下，最终形成了修订后的指南文件 CNAS – GL009：2018《材料理化检测测量不确定度评定指南及实例》（以下简称《指南》），提供了金属材料拉伸试验结果、硬度试验检测结果、滴定法分析结果、重量法分析结果、仪器分析结果、材料物理性能检测等方面案例。为了便于检测机构在进行不确定度评定有更多的参考案例，本书提供了金属材料拉伸试验结果、硬度试验检测结果、滴定法分析结果、重量法分析结果、仪器分析结果、材料物理性能检测超声波纵波法探伤检测结果、塑料氧指数检测、橡胶门尼黏度测定结果等方面共 17 个测量不确定度评定典型案例，对金属和非金属材料两个检测领域的测量不确定度评定方法进行了较为详尽的描述，可以为材料检测工作中测量不确定度的评定提供指导和参考。

《指南》中附录 C 材料化学成分分析检测结果测量不确定度评定中直接滴定法、重量法等，以及附录 B 中对工程上常用的钢筋混凝土用热轧带肋钢筋拉伸性能试验检测结果和金属材料维氏硬度等检测结果测量不确定度，都用直接法进行了详细的评定，这些典型实例阐明了直接评定法的原理及具体步骤。本书在《指南》的基础上，又在第二章一、二及第三章一、二、四~八，以及第四章、第五章均给出了直接评定法的案例。

实践表明，对于材料理化检测结果测量不确定度的评定，凡是用直接评定法无法评定的具有一定难度的检测项目，都可有效地应用综合评定法进行评定。综合评定法不仅使试验检测结果不确定度的评定具有可行性，而且提高了试验检测结果测量不确定度评定的准确度和可靠性。也就是说，综合评定法能有效解决金属材料理化检测结果测量不确定度评定中的某些难点。本书第二章三、四中有对布氏硬度、洛氏硬度检测等采用综合评定法进行不确定度评定的案例。

蒙特卡罗法即 Monte Carlo Method，简称 MC 法，是一种对概率分布进行随机抽样而进行分布传播的方法。通过对输入量 X_i 的概率密度函数（PDF）离散抽样，由测量模型传播输入量的概率分布，计算获得输出量 Y 的概率密度函数（PDF）的离散抽样值，进而由输出量的离散分布数值获取输出量的最佳估计值、标准不确定度和包含区间。该最佳估计值、标准不确定度和包含区间的可信程度随 PDF 抽样数的增加而提高。

GUM 和 MC 法都是国际标准约定的用来评定测量不确定度的方法，目前 GUM 仍然是主要方法，MC 法是 GUM 的补充。GUM 是通过不确定度传播规律确定输出量的合成标准不确定度。MC 法则是采用蒙特卡罗法进行概率分布传播确定被测量的估计值及其包含区间。具体区别见《指南》中表 5-1。本书在第三章三及第六章中分别给出了蒙特卡洛法的评定案例。

GUM 和 MC 法分别提供了基于不确定度传播和概率分布传播来评定与表示测量不确定度的方法。美国人 Horwitz 提出的 Globe（Top-down）方法，即从上到下的方法，它的核心思想是，在控制不确定度来源或程序的前提下来评定测量不确定度，即运用统计学原理直接评定特定测量系统的受控结果的测量不确定度。目前，典型的方法有 4 种，即精密度法、控制图法、线性拟合法和经验模型法。

精密度法提供了一种更为经济有效地利用重复性、再现性指标来进行不确定度评定的手段。《指南》中6.3也给出了3个示例，这是根据目前标准化学测试方法提供的典型精密度指标给出的不确定度评定方法，本书中不再赘述。

本书的编写和出版得到中国合格评定国家认可中心（CNAS）秘书处领导的大力支持。CNAS实验室认可主任评审员王承忠教授为案例编写提供了技术指导和审核。宝钢股份中央研究院张毅教授、朱莉高级工程师及其团队成员提供了金属材料检测领域的案例，并为本书的编写投入了大量精力和时间。中国兵器工业集团第五三研究所冯典英高级工程师为本书提供了非金属材料检测领域的两个案例。江苏省宏晟重工集团有限公司乙海峰高级工程师提供了超声波探伤检测案例。CNAS化学专业委员会全体委员在百忙之中为本书审稿把关。在此一并表示感谢。

由于编写时间仓促，加之编写人员水平有限，本书难免出现纰漏和不足之处，敬请广大读者批评指正，以便进一步完善。

编者

2018年3月

目　录

第一章 综 述

CNAS – GL009:2018《材料理化检测测量不确定度评定指南及实例》(以下简称《指南》)给出了材料理化检测中评定和表述测量不确定度的详细指导,对材料(主要是金属材料)理化检测结果的测量不确定度评定以及给出测量不确定度报告具有指导或参考价值。

GUM 是当前国际各个行业通行的观点和方法,可以用统一的准则对测量结果及其质量进行评定、表示和比较。在我国实施与国际接轨的测量不确定度评定以及测量结果包括其不确定度的表示方法,不仅是不同学科之间交往的需要,也是全球市场经济发展的需要。在采用 GUM 进行不确定度的评定存在困难时,也可考虑采用蒙特卡洛法(简称 MC 法)来评定。本书主要就 GUM 的应用进行了案例评定,同时也提供了 MC 法的应用案例。

一、测量不确定度评定的 GUM(Bottom – up)方法

国家计量技术规范 JJF 1059—1999《测量不确定度评定与表示》原则上等同采用国际标准 1993 版 GUM 而制定。而 JJF 1059.1—2012《测量不确定度评定与表示》是根据十多年来我国贯彻 JJF 1059—1999 的经验及最新国际标准,即 2008 版 GUM 而制定,这种方法可称之为 Bottom – up 方法,即从下而上或自底向上的方法。它是基于对检测/校准的全过程进行全面、系统分析的基础上,识别出每个引起不确定度的来源,并且对每个分量加以评定,通过统计学或其他方法,包括从仪器设备的检定或校准证书、文献资料、器具或产品性能规格证书等收集并处理数据,评定出每一个不确定度因素所引起的不确定度分量,也包括每一操作环节涉及的不确定度分量,然后根据不确定度传播规律进行合成、扩展,得到最后的结果——扩展不确定度。这种方法应熟悉检测/校准过程,仔细分析,注重细节,因素不能重复,也不能遗漏,重要因素不能忽略,方能得到可靠的结果。

修订后的 2008 版 GUM(JJF 1059.1—2012)技术内容变化如下:

1)所用术语采用 JJF 1001—2011《通用计量术语及定义》中的术语和定义。如更新了"测量结果"及"测量不确定度"的定义;增加了"测得值""测量模型""测量模型的输入量"和"输出量",并以"包含概率"代替了"置性概率"等;还增加了一些与不确定度有关的术语,如"定义的不确定度""仪器的测量不确定度""零的测量不确定度""目标不确定度"等。

2)对适用范围作了补充。JJF 1059.1—2012 主要涉及有明确定义,并且可用唯一值表征的被测量估计值的不确定度,也适用于实验、测量方法、测量装置和系统的设计和理论分析中有关不确定度的评定与表示。JJF 1059.1—2012 的方法主要适用于输入量的概率分布为对称分布、输出量的概率分布近似为正态分布或 t 分布,并且测量模型为线性模型或可用线性模型近似表示的情况。当 JF 1059.1—2012 的方法不适用时,可考虑采用 JJF 1059.2—2012《用蒙特卡罗法评定测量不确定度》进行不确定度评定。JF 1059.1—2012 的方法的评

定结果可以用蒙特卡罗法进行验证,验证评定结果一致时仍然可以使用 GUM 进行不确定度评定。

3)在 A 类评定方法中,根据计量的实际需要,增加了常规计量中可以预先评定重复性的条款。

4)合成标准不确定度评定中增加了各输入量间相关时协方差和相关系数的评定方法,以便规范处理相关的问题。

5)弱化了给出自由度的要求,只有当需要评定 U_p 或用户为了解所评定不确定度的可靠程度而提出要求时才需要计算和给出合成标准不确定度的有效自由度 ν_{eff}。

6)从实用出发规定,一般情况下,在给出测量结果时报告扩展不确定度 U。在给出扩展不确定度 U 时,一般应注明所取的包含因子 k 值。若未注明 k 值,则指 $k = 2$。

7)增加了第 6 章测量不确定度的应用,包括校准证书中报告测量不确定度的要求、实验室的校准和测量能力表示方式等。

8)取消了原规范中关于概率分布的附录,将其内容放到 B 类评定的条款中。

9)增加了附录 A 测量不确定度评定方法举例。A.1 是关于 B 类标准不确定度的评定方法举例;A.2 是关于合成标准不确定度评定方法的举例;A.3 是不同类型测量时测量不确定度评定方法举例,包括量块的校准、温度计的校准、硬度计量、样品中所含氢氧化钾的质量分数测定和工作用玻璃液体温度计的校准五个例子,前三个例子来自 GUM。目的是便于使用者开阔视野,更深入地理解不同情况下的测量不确定度评定方法,例子与数据都是被选用来说明 JJF 1059.1—2012 的原理,因此,不必当作实际测量的叙述,更不能用来代替某项目具体校准中不确定度的评定。

对于从事材料理化检测的检测实验室,GUM 是广泛采用的评定方法。由于检测项目繁多,检测方法也很多,各种参数和方法都具有各自的特点,检测条件和试样情况都各不相同。如何具体应用有广泛适应性和兼容性的 GUM(或 JJF 1059.1—2012)来正确评定检测结果的不确定度,具有一定难度。

为提高测量不确定度评定的可靠性,就评定方法而言,对材料不同的检测参数和不同的检测方法,应该采用不同的评定方法,经大量试验研究总结了两种实用的方法,即直接评定法和综合评定法。

1. 直接评定法

对于检测实验室,按照 GUM 或 JJF 1059.1—2012 对材料理化检测结果进行测量不确定度评定时,一般采用直接评定法。所谓直接评定法,就是在明确试验条件(检测方法、环境条件、测量仪器、被测对象、检测过程等)的基础上,建立由检测参数试验原理所给出的测量模型,即输出量 Y 与若干个输入量 X_i 之间的函数关系 $Y = f(X_1, X_2, \cdots, X_N)$ [一般由该参数的测试方法标准给出,如果输出量即检测结果的估计值为 y,输入量 X_i 的估计值为 x_i,则有 $y = f(x_1, x_2, \cdots, x_N)$],然后按照检测方法和试验条件对测量不确定度的来源进行分析,找出测量不确定度的主要来源,以此求出各个输入量估计值 $x_1, x_2, \cdots, x_N$ 的标准不确定度,称为标准不确定度分量 $u(x_1), u(x_2), \cdots, u(x_N)$,按照不确定度传播规律,根据测量模型求出每个输入量估计值的灵敏系数 $c_i = \dfrac{\partial y}{\partial x_i}$,再根据输入量间是彼此独立还是相关,还是二者皆存在的关系进行合成,求出合成不确定度 $u_c(y)$,最后根据对包含概率的要求(95% 还是 99%)确定包含因子(k 取 2 还是取 3)从而求得扩展不确定度。

采用直接评定法,应具有以下三个前提:

1)如果对测量模型中的所有输入量进行了测量不确定度分量的评定,就包含了测量过程中所有影响测量不确定度的主要因素;

2)由试验标准方法所决定的测量模型,能较容易地求出所有输入量的灵敏系数;

3)各输入量之间有明确的相关或独立关系。

这三个前提条件都满足,那么直接评定法是可行的;反之,则无可行性。

2. 综合评定法

在检测实验室的测量不确定度评定中,有的检测项目采用直接评定法评定其检测结果的测量不确定度,会存在以下问题:一是所有输入量的不确定度分量并不能包含影响检测结果所有的主要不确定因素;二是所有或部分输入量的不确定度分量量化困难;三是有的检测项目由测量模型求某些输入量的灵敏系数十分困难或非常复杂。这时如果仍用直接评定法,不仅可靠性低,而且缺乏可操作性。对于这种情况可以采用综合法进行评定。

还有一种情况,就是在理化检测中有的检测项目根据测量模型求取不确定度灵敏系数非常繁琐,以至失去了可操作性,如在金属材料力学性能试验中的布氏硬度检测,根据国家标准 GB/T 231.1—2009《金属材料 布氏硬度试验 第 1 部分:试验方法》的方法原理,其测量模型是

$$y = 0.102 \times \frac{2F}{\pi D(D - \sqrt{D^2 - d^2})}$$

式中:y——布氏硬度,HBW;

F——试验力,N;

D——压头球直径,mm;

d——压痕平均直径。

显然不确定度灵敏系数 $c_d = \frac{\partial y}{\partial d}$ 的求取十分繁琐,如果采用直接法进行评定,显然失去了可操作性。

考虑到上述情况,在综合评定法中,测量模型的建立如果用输出量和输入量的估计值来表达有两种方法,其一是

$$y = x \qquad (1-1-1)$$

式中:x——被测试样的参数读出值;

y——被测试样的参数估计值即测定结果。

这种方法需借助于自动化的仪器、设备对材料进行性能参数检测结果测量不确定度评定以及上述用直接评定法存在困难的项目,例如,冲击试验、布氏及洛氏硬度试验、直读光谱分析、等离子光谱等检测项目的测量不确定度评定都可采用这种形式的测量模型。但需注意,式(1-1-1)中被测试样的参数读出值 x 往往是由多个影响因素所决定。在许多情况下,输入量估计值 x 又可分解为 $x_1 + x_2 + \cdots + x_N$,因此,此测量模型用估计值表达也可写为

$$y = \sum_{i=1}^{N} x_i = x_1 + x_2 + \cdots + x_N \qquad (1-1-2)$$

式中:y——输入量估计值,即检测结果;

x_i——试验过程中各个影响输出量的因素,即若干个输入量的若干个估计值。

实际上,式(1-1-1)和式(1-1-2)是一样的。如对于冲击试验,式(1-1-1)的 x 包含了试验过程中对检测结果(输出量估计值 y)的 4 个影响因素,而式(1-1-2)的 x_i 就直接表示了试验过程中对检测结果(输出量估计值 y)的 4 个影响因素,即 4 个输入量估计值。这时,因为各个输入量估计值的灵敏系数 $c_1 = \frac{\partial y}{\partial x_1} = c_2 = \frac{\partial y}{\partial x_2} = \cdots = c_N = \frac{\partial Y}{\partial x_N} = 1$,即都等于 1。所以,合成不确定度的计算公式为

$$u_c^2(y) = \sum_{i=1}^{N} \left[\frac{\partial f}{\partial x_i}\right]^2 u^2(x_i) = \sum_{i=1}^{N} c_i^2 u^2(x_i) = \sum_{i=1}^{N} u_i^2(y)$$

对于上述冲击项目的冲击吸收功 A_{kV} 有 $u_c^2(A_{kV}) = u^2(x_1) + u^2(x_2) + u^2(x_3) + u^2(x_4)$,即

$$u_c(A_{kV}) = \sqrt{u^2(x_1) + u^2(x_2) + u^2(x_3) + u^2(x_4)}$$

所以欲求的扩展不确定度为

$$U = k \times \sqrt{u^2(x_1) + u^2(x_2) + u^2(x_3) + u^2(x_4)}$$

在评定中影响因素不可重复,也不能遗漏,遗漏会使评定结果偏小,重复会导致评定结果偏大。因此遗漏评定、重复评定要避免,这必须引起足够的重视。

实践表明,对于材料理化检测结果测量不确定度的评定,凡是用直接评定法无法评定的具有一定难度的检测项目,都可有效地应用综合评定法进行评定。综合评定法不仅使试验检测结果不确定度的评定具有可行性,还提高了试验检测结果测量不确定度评定的准确度和可靠性。也就是说,综合评定法能满意解决材料理化检测结果测量不确定度评定中的某些难点。

二、测量不确定度评定的蒙特卡罗(MC)方法

蒙特卡罗方法即 Monte Carlo Method,简称 MC 法,是一种对概率分布进行随机抽样而进行分布传播的方法。通过对输入量 X_i 的概率密度函数(PDF)离散抽样,由测量模型传播输入量的概率分布,计算获得输出量 Y 的概率密度函数(PDF)的离散抽样值,进而由输出量的离散分布数值获取输出量的最佳估计值、标准不确定度和包含区间。该最佳估计值、标准不确定度和包含区间的可信程度随 PDF 抽样数的增加而提高。图 1-1-1 为由输入量 X_i 的 PDF,通过模型传播,给出输出量 Y 的 PDF 的一个过程示意,并列出了分别为相互独立的正态分布 $g_{X1}(\xi_1)$、三角分布 $g_{X2}(\xi_2)$ 和正态分布 $g_{X3}(\xi_3)$ 的 3 个输入量,而输出量 $g_Y(\eta)$ 的 PDF 显示为分布不对称的情形。

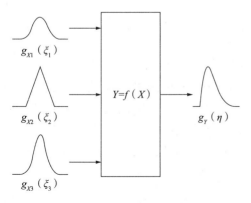

图 1-1-1 输入量独立时分布传播的描述

1. MC 法的适用范围

国家计量技术规范 JJF 1059. 1—2012

《测量不确定度评定与表示》规定,GUM 主要适用于以下条件:

1)可以假设输入量的概率分布呈对称分布;

2)可以假设输出量的概率分布近似为正态分布或 t 分布;

3)测量模型为线性模型、可以转化为线性的模型或可用线性模型近似的模型。

当不能同时满足上述适用条件时,如果仍按 JJF 1059.1—2012 的方法进行评定,那么,所确定的输出量估计值及其标准不确定度可能变得不可靠,或可能会导致对包含区间或扩展不确定度的估计不切实际。此时,可考虑采用 MC 法评定测量不确定度及采用概率分布传播的方法。

国家计量技术规范 JJF 1059.2—2012《用蒙特卡罗法评定测量不确定度》明确了该法特别适用于评定以下典型情况的测量不确定度问题:各不确定度分量的大小不相近;应用不确定度传播律时,计算模型的偏导困难或不方便;输出量的 PDF 较大程度地背离正态分布、t 分布;输出量的估计值和其标准不确定度的大小相当;测量模型明显非线性;输入量的 PDF 明显非对称。

2. 采用 MC 法评定不确定度需要注意的问题

1)采用 MC 法时,要求合理确定样本量的大小 M,也就是测量模型计算的次数。在规定的数值容差下,MC 法提供的结果所需的试验次数与输出量的 PDF 形状及包含概率 p 有关。MC 法的试验次数也可以用自适应 MC 法确定,通过试验次数不断增加,直至所需要的各种结果达到统计意义上的稳定,具体就是计算出的结果的两倍标准偏差需与 $u(y)$ 的数值容差 δ 进行比较,直至均小于 δ 方可表示数值结果稳定,以此确定试验次数。根据文献及使用经验来看,通常采用 100 万次试验数据与采用自适应 MC 法得到的评定结果一致。

2)所谓数值容差 δ,就是最短区间的半宽度,该区间包含能准确表达到指定位数的有效十进制数的所有数。对数值 z 相关的数值容差按下列方式给出:先将标准不确定度数值 z 表示为 $c \times 10^l$ 的形式。其中,c 为 n_{dig} 位十进制整数;l 是整数,n_{dig} 表示数值 z 的有效数值字的个数。数值 z 的容差取 $\delta = \frac{1}{2} 10^l$。采用自定义 MC 法需要用到数值容差的概念。如某次评定 $u(y) = 0.00035$,$n_{dig} = 2$,$u(y)$ 表示为 35×10^{-5},$c = 35$,$l = -5$,则 $\delta = \frac{1}{2} \times 10^{-5}$。

3)输入量相关情况无法忽略时,GUM 在合成时需评定相关性影响,而 MC 法的每个输出量均客观反映了该影响,无需另加考虑,评定过程得以简化。由于测量过程均使用同一天平,输入量间强相关,GUM 中将相关系数近似放大为"1"进行了处理,无需考虑相关性影响,为与报告结果保持小数点位数一致而对结果进行修约后,两个评定法出具的不确定度结果并无差异。在某些无法评估相关系数的案例中,这个优势更为明显。

4)由于 MC 法涉及大量数值模拟和计算,应借助计算软件来实现,MC 法也由于专业计算软件的帮助而变得更加快速便捷。某些行业对于采用通用标准的检测项目的不确定度评定,通过共享评定模板还能使同类测量的不确定度评定具备规范的基础,更有利于实验室间的交流促进共同提高。

3. 用 MC 法验证 GUM 的结果

虽然 GUM 在许多情况下被认为是非常适用的,但是确定是否满足其所有应用条件并非易事。由于 MC 法的适用范围比 GUM 的更广泛,建议用 MC 法与 GUM 两种方法进行比较

来确认 GUM 是否通过 MC 法验证,步骤如下:

1)应用 GUM 得到输出量的约定包含概率为 p 的包含区间 $y \pm U_p$;

2)运用自适应 MC 法获得输出量的标准不确定度 $u(y)$ 和概率对称或最短包含区间的端点值 y_{low} 和 y_{high};

3)确定由 GUM 及 MC 法获得的包含区间在约定的数值容差下是否一致。

a)确定 $u(y)$ 的数值容差 δ;

b)对 GUM 和 MC 法获得的包含区间进行比较,确定是否能获得 GUM 提供包含区间中正确十进制数字的所需位数,尤其可确定分别由 GUM 和 MC 法所提供的包含区间各自端点的差的绝对值。如果 $d_{low} = |y - U_p - y_{low}|$ 和 $d_{high} = |y + U_p - y_{high}|$ 均不大于 δ,则 GUM 可通过验证。

在获取 MC 法结果过程中应采用足够大的 MC 法试验次数 M。当用 MC 法来验证 GUM 时,建议当采用自适应 MC 法时,提供数值容差为 $\delta/5$ 时的更为严格的结果来对 GUM 加以验证。

三、CNAS 对测量不确定度的要求及评定中应注意的问题

1. CNAS 对检测实验室测量不确定度的要求

CNAS 充分考虑目前国际上与合格评定相关的各方对测量不确定度的关注,以及测量不确定度对测量、试验结果的可信性、可比性和可接受性的影响,特别是这种影响和关注可能会造成消费者、工业界、政府和市场对合格评定活动提出更高的要求。因此,CNAS 在认可体系的运行中给予测量不确定度评定以足够的重视,以满足客户、消费者和其他各有关方的期望和需求。其中对检测实验室的具体要求如下:

1)检测实验室应制定与检测工作特点相适应的测量不确定度评定程序,并将其用于不同类型的检测工作。

2)检测实验室应有能力对每一项有数值要求的测量结果进行测量不确定度评定。当不确定度与检测结果的有效性或应用有关、或在用户有要求时、或当不确定度影响到对规范限度的符合性时、当测试方法中有规定时和 CNAS 有要求时(如认可准则在特殊领域的应用说明中有规定),检测报告必须提供测量结果的不确定度。

3)检测实验室对于不同的检测项目和检测对象,可以采用不同的评定方法。

4)检测实验室在采用新的检测方法时,应按照新方法重新评定测量不确定度。

5)检测实验室对所采用的非标准方法、实验室自己设计和研制的方法、超出预定使用范围的标准方法以及经过扩展和修改的标准方法重新进行确认,其中应包括对测量不确定度的评定。

6)对于某些广泛公认的检测方法,如果该方法规定了测量不确定度主要来源的极限值和计算结果的表示形式时,实验室只要按照该检测方法的要求操作,并出具测量结果报告,即被认为符合本要求。

7)由于某些检测方法的性质,决定了无法从计量学和统计学角度对测量不确定度进行有效而严格的评定,这时至少应通过分析方法,列出各主要的不确定度分量,并做出合理的评定。同时应确保测量结果的报告形式不会使客户产生对所给测量不确定度的误解。

8）如果检测结果不是用数值表示或者不是建立在数值基础上（如合格/不合格、阴性/阳性，或基于视觉和触觉等的定性检测），则不要求对不确定度进行评定，但鼓励实验室在可能的情况下了解结果的可变性。

9）检测实验室测量不确定度评定所需的严密程度取决于：

a）检测方法的要求；

b）用户的要求；

c）用来确定是否符合某规范所依据的误差限的宽窄。

2. 测量不确定度评定中应注意的一些问题

（1）可忽略的不确定度来源

在测量不确定度评定时，往往不可能将所有不确定度来源所导致的不确定度分量都考虑在内，这样会使评定复杂化，所以不确定度来源的分析尤为重要，有影响的因素应不重复但也不遗漏。重复将导致不确定度过大，遗漏将导致不确定度过小，应抓住对结果影响大的不确定度来源。有些影响较小的不确定度来源可不必考虑。根据大量的评定表明，如果由所有来源所确定的不确定度分量而合成得到的合成标准不确定度是 u_c，那么，忽略其中一个来源导致的不确定度分量后，余下的分量再进行合成所得到的合成标准不确定度为 u_{c-1}，如果 $\left(\dfrac{u_c - u_{c-1}}{u_c}\right) \leqslant 10\%$，则被忽略的这个来源导致的不确定度分量对此问题的不确定度评定的影响认为是较小的，可以忽略；反之，如果 $\left(\dfrac{u_c - u_{c-1}}{u_c}\right) > 10\%$，则此来源应予考虑，建议不可忽略。这对于一般的工业质量检测，已满足有关标准或工程应用的实际要求。当然，比较的数值 10% 是可以商榷的，如果工程项目要求较高，这个比较的数值可以下降为 5%、2% 等，如果工程项目可靠性要求更高，那么这个比较的数值还可继续下降为 1%、0.5% 等，这可视具体情况而定。

（2）A 类评定中标准差的安全因子

在理化检测工作中，对于有的检测项目来说，被测的试样或样品在相同条件下，不可能进行多次的重复性试验，次数较少，那么试验重复性引起的不确定度分量可靠性就很差，为了增加可靠性可采用"标准差安全因子"的办法来解决。国际上，有的标准如 GB/T 18779.2—2004/ISO/TS 14253 - 2:1999《产品几何量技术规范（GPS） 工件与测量设备的测量检验 第 2 部分:测量设备校准和产品检验中 GPS 测量的不确定度评定指南》中提出，在按贝塞尔公式计算出标准差 s 对不确定度进行 A 类评定时，如果自由度较小（即观测次数 n 较少），那么为了弥补由此算出的单次测量结果标准差 s 不可靠的缺陷，可将 s 乘上一个安全因子 h，它与重复观测次数 n 的关系，如表 1 - 1 - 1 所示。

表 1 - 1 - 1　重复观测次数 n 与安全因子 h 的数据

n	h	n	h	n	h
2	7.0	5	1.4	8	1.2
3	2.3	6	1.3	9	1.2
4	1.7	7	1.3	≥10	1

这表明，当观测次数 $n \geqslant 10$（即自由度 $\nu = n - 1 = 9$）时，可认为由贝塞尔公式得出的标准

差 s 是可靠的,安全因子为 1。当观测次数 $n<10$ 时,s 可靠性小,且 n 越小,可靠性就越小。因此,安全因子 h 越大,即根据 n 的大小按表 1 - 1 - 1 适当扩大 s 的数据。注意,这种扩大所得的结果仍为标准差,是具有可靠度的标准差,而不是扩展不确定度。这种规定具有一定的合理性,测量不确定度评定的简化和工件合格评定都提出了许多具体的具有可操作性的规定。

(3)不确定度评定中 A 类和 B 类方法的选用问题

在理化检测测量不确定度评定中,A 类和 B 类方法不存在本质的区别,只是所用的方法不同而已。A 类是用对观测列数据的统计方法,而 B 类是非统计方法(有的追溯源头可能也是由统计方法而得),绝不能认为哪一类方法更优越,在实际评定中应根据被评定问题的现实情况按照可靠、简单、方便的原则来选取。如在《指南》中 B.1 热轧带肋钢筋拉伸性能试验检测结果测量不确定度的评定实例中,试样尺寸的测量需要检测人员应用量具多次进行测量,实验中对于实验机载荷度盘显示的力值,也需检测人员进行读数,同一人员在不同的情况下也可能得出不同的读数,而且在测试中都要借助仪器(量具和试验机)进行,所以 A 类方法和 B 类方法在理化检测测量不确定度的评定中自然都会用到。但如果借助于某一数字显示的电子秤对某物体的质量进行测试,那么当要对其测量不确定度进行评定时,显然,只需按照该数显电子秤计量检定证书的信息采用 B 类方法即可,因为称量结果的数字显示,不同人员读出的数据应该是一致的,除非粗心大意,发生了读错、记错的情况,则应根据判断粗差的法则进行剔除,不属于这里的讨论范围。因此,在材料理化检测结果测量不确定度评定中,无论两种方法都用到,还是只用到一种方法,都是完整的评定。其可靠性由其自由度描述,自由度越大,越可靠;反之亦然。

在评定中,某个不确定度分量属 A 类方法还是 B 类方法,只表明所采用的方法类型,而对合成标准不确定度和扩展不确定度的评定并无影响。因此,在评定步骤第 4 步测量不确定度分量的评定中,可以注明某个分量是 A 类或 B 类,也可不予注明,这无关紧要。

(4)A 类不确定度分量为零的情况

在当代高科技迅猛发展的年代,先进的计算机控制技术,结合先进的传感技术,二次仪表数显技术,使得全自动控制测量成为可能,并导致测量准确度越来越高,甚至将校准、检测测量和工程过程合为一体。如应用了 PID 自动调控的测量控制设备,当过程输出稳定后,输出值与设定值完全相同,记录曲线与设定曲线完全重合,这时测量测量模型有唯一的解,残差均为零,即对于这种高准确度的现代化测量设备重复性非常好,此时,对同一稳定的被测量观测数据完全相同,用统计方法得出的 A 类不确定度分量为零。同样,在理化检测领域全自动化的仪器和设备日益增多,只要被检测的试样或样品状态是稳定的,那么在相同条件下,检测多次所得到的结果是一致的。也就是说用 A 类评定得到的重复性不确定度分量很小,甚至为零。当这种情况被确认,而且并非设备测量系统处于死区时,可采用 B 类方法,以测量系统的分辨力求出测量不确定度分量,当然,还应该考虑到环境条件,被检测试样或样品的加工状态及材质均匀性、稳定性等其他因素所引入的测量不确定度分量(在不可忽略的情况下)。

(5)计算合成不确定度时应注意的问题

在测量不确定度评定中,当全部输入量 X_i 是彼此独立或不相关时,理化检测结果 y(输出量 Y 的估计值)的合成标准不确定度 $u_c(y)$ 可用如式(1 - 2 - 1)所示的各输入量估计值 x_i

的不确定度分量 $c_i u(x_i)$ 的方和根公式来计算,即

$$u_c(y) = \sqrt{\sum_{i=1}^{N} \left[\frac{\partial f}{\partial x_i}\right]^2 u^2(x_i)} = \sqrt{\sum_{i=1}^{N} c_i^2 u^2(x_i)} \qquad (1-2-1)$$

式(1-2-1)表明,在各个分量间是独立不相关的情况下,输入量绝对不确定度分量 $c_i u(x_i)$ 的方和根等于合成不确定度 $u_c(y)$。由于不确定度可用相对形式来表示,那么当不确定度分量为相对形式时,是否仍可应用方和根公式来计算检测结果 y 的合成不确定度?回答是必须由测量模型来决定。

对于材料的理化检测,一般可分三种情况:

1)输入量估计值 x_i 间的乘、除关系决定了输出量估计值 y。例如,对简单情况,设 $y = f(x_i) = \dfrac{a}{bc}$,则 $c_a = \dfrac{\partial f}{\partial a} = \dfrac{1}{bc}$,$c_b = \dfrac{\partial f}{\partial b} = -\dfrac{a}{b^2 c}$,$c_c = \dfrac{\partial f}{\partial c} = -\dfrac{a}{bc^2}$,由式(1-2-1),有

$$u_c(y) = \sqrt{\left(\frac{1}{bc}\right)^2 u^2(a) + \left(-\frac{a}{b^2 c}\right)^2 u^2(b) + \left(-\frac{a}{bc^2}\right)^2 u^2(c)}$$

注意到 $y = f(x_i) = \dfrac{a}{bc}$,可有

$$\frac{u_c(y)}{|y|} = \frac{\sqrt{\left(\dfrac{1}{bc}\right)^2 u^2(a) + \left(-\dfrac{a}{b^2 c}\right)^2 u^2(b) + \left(-\dfrac{a}{bc^2}\right)^2 u^2(c)}}{\left|\dfrac{a}{bc}\right|}$$

经整理后可得

$$u_{\text{rel}}(y) = \sqrt{\frac{u^2(a)}{a^2} + \frac{u^2(b)}{b^2} + \frac{u^2(c)}{c^2}}$$

即

$$u_{\text{rel}}(y) = \sqrt{u_{\text{rel}}^2(a) + u_{\text{rel}}^2(b) + u_{\text{rel}}^2(c)}$$

写为通式为,假如

$$y = x_1^{\pm 1} x_2^{\pm 1} \cdots x_N^{\pm 1} \qquad (1-2-2)$$

$$\left(\frac{u_c(y)}{|y|}\right)^2 = \left(\frac{u(x_1)}{x_1}\right) + \left(\frac{u(x_2)}{x_2}\right)^2 + \cdots + \left(\frac{u(x_N)}{x_N}\right)^2 \qquad (1-2-3)$$

即

$$u_{c,\text{rel}}^2(y) = u_{\text{rel}}^2(x_1) + u_{\text{rel}}^2(x_2) + \cdots + u_{\text{rel}}^2(x_N) \qquad (1-2-3)'$$

由式(1-2-1)有

$$u_c^2(y) = c_1^2 u^2(x_1) + c_2^2 u^2(x_2) + \cdots + c_N^2 u^2(x_N) \qquad (1-2-4)$$

即如果测量模型中输入量之间是乘除关系,且独立、不相关,那么不仅输出量的绝对合成不确定度平方等于各个输入量绝对不确定度分量的平方之和,而且输出量的相对合成不确定度平方也等于各个输入量相对不确定度分量的平方之和。

2)如果

$$y = x^m \qquad (1-2-5)$$

则 $c_x = \dfrac{\partial y}{\partial x} = m x^{m-1}$,由式(1-2-1)有

$$u_c(y) = \sqrt{c_x^2 u^2(x)} = \sqrt{(m x^{m-1})^2 u^2(x)}$$

注意到 $y = x^m$,可得 $\dfrac{u_c(y)}{y} = \dfrac{\sqrt{(m x^{m-1})^2 u^2(x)}}{x^m} = \dfrac{m u(x)}{x}$

即
$$u_{c,rel}(y) = m u_{rel}(x) \qquad (1-2-6)$$

也即当输出量估计值 y 为输入量估计值 x 的 m 次幂时,y 的相对合成不确定度等于输入量估计值 x 的相对不确定度的 m 倍。

3)如果测量模型中输入量间存在着加或减的关系,如果当 $y + c_1 x_1 + c_2 x_2 + \cdots + c_N x_N$ 那么式(1-2-1)适用。

$$u_c(y) = \sqrt{\sum_{i=1}^{N} \left[\frac{\partial f}{\partial x_i} \right]^2 u^2(x_i)} = \sqrt{\sum_{i=1}^{N} c_i^2 u^2(x_i)}$$

注意,此时式(1-2-3)不适用。

在式(1-2-1)中,如果 c_i 为 +1 或 -1 时,有

$$u_c(y) = \sqrt{u^2(x_1) + u^2(x_2) + \cdots + u^2(x_N)} \qquad (1-2-7)$$

在这种情况下,输出量绝对合成不确定度的平方等于各个输入量绝对不确定度分量的平方之和,而输出量相对合成不确定度的平方却不等于各个输入量相对不确定度分量的平方之和。在评定工作中许多理化检测测量不确定度评定者在此问题上容易发生失误,这必须引起足够的注意。

综上所述,对于不确定度分量的合成,应特别注意,在求出各个输入量的不确定度分量后,如果各个分量之间是独立不相关的,而且输入量之间的函数关系为积或商关系,那么在合成输出量的合成不确定度时各个分量可用绝对不确定度分量的形式或者相对不确定度分量的形式来进行方和根运算;如果输入量之间的函数关系不是积或商关系,而是加或减或带有加或减的算术关系,那么合成时各个分量只可用绝对不确定度分量的形式进行方和根运算而不能用相对不确定度分量的形式进行运算。由于对于理化检测所使用的设备或仪器的检定证书相当一部分给出的是精度等级(如 1 级设备为 ±1%、0.5 级设备为 ±0.5% 等)或最大允许示值误差等,它们都是相对形式,这时仪器设备所引入的不确定度分量也是相对形式,为此,如果测量模型中输入量间的关系带有加或减关系,那么在合成前应该把这种相对分量的形式换算成绝对分量的形式再进行方和根的运算。如不注意在合成时很容易出现差错,这必须引起特别的重视。

(6)评定报告中 U_p 和 U 的选用问题

扩展不确定度有 $U_p = k_p u_c(y)$ 和 $U = k u_c(y)$(包含因子 k 取 2 或 3)两种形式,在理化检测结果测量不确定度的实际评定中究竟采用哪种形式来报告测量不确定度的评定结果呢?U_p 与 U 相比其主要区别是,当 y 和 $u_c(y)$ 所表征的概率分布近似为正态分布时,扩展不确定度用 U 表示。若确定的区间具有的包含概率约为 95% 时,$k = 2$,$U = 2u_c$,若确定的区间具有的包含概率约为 99% 时,$k = 3$,$U = 3u_c$。当有固定的包含概率的要求时,扩展不确定度用 U_p 表示,则要判断 Y 可能值的分布,若接近正态分布,则 $k_p = t_p(\nu_{eff})$,可根据 $u_c(y)$ 的有效自由度 ν_{eff} 和所需要的包含概率,查表得到 k_p。如果确定 Y 可能值的分布不是正态分布,而是接近于其他某种分布,则不应按 $k_p = t_p(\nu_{eff})$ 计算。

(7)关于求取 $t_p(\nu_{eff})$ 值的问题

当扩展不确定度采用 $U_p = k_p u_c(y)$ 表示方式时,如果输出量估计值 y 接近正态分布,则包含因子 k_p 可采用 t 值表(见《指南》中附录 A)。如果按照韦尔奇 - 萨特斯韦特(Welch - Satterthwaite)公式算出的有效自由度数 ν_{eff} 值在《指南》中附录 A 查不到,那么视情况可按以

下两种方法来求取：

1）当计算的 $\nu_{\text{eff}} \leq 10$ 并出现小数位时，特别是对于经常采用的包含概率 $p \geq 95\%$ 时的情况，因为 ν_{eff} 的小数部分对 t 值（即包含因子 k_p）的影响不可忽略，因此，应用比例内插法求出相应的 t 值。具体的应采用比例内插法公式

$$y_d = y_1 + \frac{x_d - x_1}{x_2 - x_1}(y_2 - y_1) \tag{1-2-8}$$

求出精确的内插值。例如，已知 $\nu_{\text{eff}} = 5.5$，$p = 99\%$，试求 $t_{0.99}(5.5)$。

此时，又可采用以下两种方法来计算（计算时参见《指南》中附录 A）。

a）按非整数 ν_{eff} 内插求出 $t_p(\nu_{\text{eff}})$ 值。从《指南》中附录 A 可知，$\nu_{\text{eff}} = 6 (x_1)$，$t_{0.99}(6) = 3.71 (y_1)$，$\nu_{\text{eff}} = 5 (x_2)$，$t_{0.99}(5) = 4.03 (y_2)$。

欲求的 $\nu_{\text{eff}} = 5.5$ 为 x_d，$t_{0.99}(5.5)$ 为 y_d，则根据式 $(1-2-8)$ 有 $t_{0.99}(5.5) = 3.87$。

b）按非整数 ν_{eff} 的倒数，即 $(\nu_{\text{eff}})^{-1}$ 的内插法来求出 $t_p(\nu_{\text{eff}})$ 值，具体求法为

$\nu_{\text{eff}} = 6$，则 $(\nu_{\text{eff}})^{-1} = \dfrac{1}{6}(x_1)$，$t_{0.99}(6) = 3.71(y_1)$；$\nu_{\text{eff}} = 5$，则 $(\nu_{\text{eff}})^{-1} = \dfrac{1}{5}(x_2)$，$t_{0.99}(5) = 4.03(y_2)$；欲求的 $\nu_{\text{eff}} = 5.5$，$(\nu_{\text{eff}})^{-1} = \dfrac{1}{5.5}$ 为 x_d，$t_{0.99}(5.5)$ 为 y_d，则根据式 $(1-2-8)$ 有

$$t_{0.99}(5.5) = 3.71 + \frac{\left(\dfrac{1}{5.5} - \dfrac{1}{6}\right)}{\left(\dfrac{1}{5} - \dfrac{1}{6}\right)}(4.03 - 3.71) = 3.86$$

显而易见，两种计算方法的结果十分接近，通常采用第一种方法较为简便，而第二种方法更为准确。

2）当计算的 $\nu_{\text{eff}} > 10$ 时，可用邻近的较小值来代替。如计算的 $\nu_{\text{eff}} = 22$，则用 $\nu_{\text{eff}} = 20$ 来代替，从而由《指南》中附录 A 查得 $t_p(\nu_{\text{eff}})$ 值；计算的 $\nu_{\text{eff}} = 38$ 用 $\nu_{\text{eff}} = 35$ 来代替等。这种近似处理所得的 $t_p(\nu_{\text{eff}})$ 值（即 k_p 值）比上述的比例内插法的结果稍大，所得到的扩展不确定度也稍微偏大，即得到的是保守的结果，这是允许的。

需指出，有的标准如 ISO 6974-2：2001《在一定不确定度下用气相色谱法测定天然气的组成 第 2 部分：测量与统计特性和数理统计天然气的气相色谱法测量不确定度》指出，在评定时，如果 $\nu_{\text{eff}} = 1 - 20$，则可按《指南》中附录 A 给出 k_p 值，如果 $\nu_{\text{eff}} > 20$，则一律将 ν_{eff} 作为无穷大来处理，此时得到的 k_p 值偏小，扩展不确定度也偏小，该标准认为所得到的结果基本可靠。这种处理方法目前虽然还未得到国际上的公认，但毕竟也提出了一种求取 $t_p(\nu_{\text{eff}})$ 值的简化方法。

（8）测量结果及其不确定度有效位数的注意事项

JJF 1059.1—2012 中 5.3.8.1 规定，通常最终报告的 $u_c(y)$ 和 U 根据需要取一位或两位有效数字。这是指最后结果的形式，在计算过程中，为减少修约误差可保留多位（GUM 未作具体规定，视具体情况而定）。

一旦测量不确定度有效位数确定了，则应采用它的修约间隔来修约测量结果，以确定测量结果的有效位数。需要注意的部分包括：

1）确定测量不确定度的有效位数，从而决定测量结果的有效位数，其原则是即要满足测量方法标准或检定规程对有效位数的规定，也要满足 GUM 的要求（一位或二位）。

2)不允许连续修约。即在确定修约间隔后,一次修约获结果,不得多次修约。

3)当不确定度以相对形式给出时,不确定度也应最多只保留两位有效数字。此时,测量结果的修约应将不确定度以相对形式返回到绝对形式,同样一般情况下至多保留两位,再相应修约测量结果。

4)当采用同一测量单位来表示测量结果和其不确定度时,其末位应是对齐的(末位一致),这是 GUM 的规定,应予遵从。

5)若测量结果实际位数不够而无法与测量不确定度对齐时,一般操作方法是补零后对齐。如测量结果为 $m = 100.0214g$,$U_{95} = 0.36mg$,应表示为 $m = 100.02140g$;$U_{95} = 0.36mg$(或 $0.00036g$)。但应注意到补零后其数值是否与仪器设备的最小检出量相吻合,如果不吻合则不可补零对齐。例如,在评定某个长度测量的不确定度时,已知量具的分辨力是 $0.01mm$,多次测量结果经评定,其平均值是 $L = 10.08mm$,$U_{95} = 0.056mm$,$\nu_{eff} = 20$,则按上述原则,评定结果补零后对齐应为 $L = 10.080mm$,$U_{95} = 0.056mm$,$\nu_{eff} = 20$,测量结果 L 与不确定度 U_{95} 末位是对齐了,但结果的表达却表明了量具的分辨力为 $0.001mm$,这与实际情况不符。因此,对于这种情况,如果为了两者末位对齐,将测量结果"补零",则无意中提高了所用检测设备或仪器的分辨力,违反了现实状态。此时,解决的办法是,测量不确定度有效数取一位,测量结果不需补零,正确的报告表示方式为 $L = 10.08mm$,$U_{95} = 0.06mm$,$\nu_{eff} = 20$。测量结果和扩展不确定度使用相同计量单位,其末位一致,完全符合 JJF 1059.1—2012 中 5.3.8.3 的规定,也符合检测设备的现实情况。

测量不确定度有效位数究竟是取一位还是两位,应根据所评定问题的客观实际情况按照 JJF 1059.1—2012 的规定来决定。

(9)日常检测工作中的测量不确定度评定问题

作为规范化的检测实验室(仪器、设备、人员、方法、环境、试样、管理等一切条件合乎要求,即受控),对于性能参数的检测,在受控条件下,评定了测量不确定度,得到了不确定度数据,在往后日常的规范化的检测工作(仍在受控条件下)即可直接应用早先评定的结果,不需要每次检测都进行评定工作。当然,如果某一条件(如仪器准确度)或某些条件(如环境、试样、人员、方法、仪器准确度等)发生了变化,即测量不确定度的来源发生了变化,则需要重新评定测量不确定度,在此条件下,往后日常的规范化检测(受控),就应该采用重新评定的测量不确定度数据。

(10)测量不确定度评定的简化问题

对于检测实验室,在进行材料理化检测测量不确定度的评定时,可以考虑给予简化。如可以不给自由度;合成时,可以不考虑相关性;可以统一取 $k = 2$。

在实际评定中,在按上述简化建议进行评定的同时还要注意以下问题,以达到简化合理、评定结果正确可靠的目的。

1)关于重复性不确定度分量的评定问题

在材料理化检测测量不确定度评定中,由于检测的对象是金属材料或非金属材料,一般而言这些材料的材质总存在着一定的不均匀性,其大小导致了重复性不确定度分量的大小。在一定条件下对观测列用 A 类方法对此分量进行评定时,由贝塞尔公式计算出的实验标准差 s 中包含了材质的不均匀性、人员操作的重复性、试样加工的差异、所使用设备仪器的重复性、分辨率、示值误差等因素。因此,对于材料理化检测的大多数检测参数而言,此项不确定度分量是主要的。评定了此项分量后,所用仪器设备的重复性、分辨率和示值误差等所引起的不确定度分量就不应该再进行评定,否则造成了重复。在某些情况下,如果试样十分均匀和稳定,所用仪器和设备重复性很好,那么每次检测的数据十分接近,借助于 A 类评定所得到的标准差 s 很小,甚至为零,那么仪器和设备的分辨率、示值误差等所引起的不确定度必须作为分量,参加合成。

2)B 类评定的分布问题

a)所使用的设备、仪器的检定证书或校准证书给出的扩展不确定度数值未说明分布时,求取由此引起的不确定度分量,则按正态分布处理。

b)评定设备、仪器、数显仪表的最大允差,数显测量仪器的示值量化,检测结果数据修约所引起的不确定度分量时,按均匀分布处理。

c)在化学分析中,评定容量瓶、量杯、滴定管、移液管等最大允差所引起的不确定度分量时,可按三角分布,也可按均匀分布处理。

3)关于输入量间相关性问题的处理

在上述 b)中建议合成时,可以不考虑相关性,但在具体处理时根据具体情况要尽量做到正确合理,以保证评定结果的可靠性。对于一般民用工业的检测工作,如果没有有力的证据说明某些输入量的不确定度分量之间存在着强相关,那么就按不相关处理。但对于要求较高的场合,如航天、航空、某些军工项目、医药卫生的检测等就必须考虑其相关性。检测工作中的相关性,是由相同的原因所导致,例如,当两个或更多的输入量使用了同一仪器、设备、量具,或者使用了相同的参考标准、实物标准、参考数据等,那么这两个或多个输入量之间就存在着相关性。这时还是应该考虑相关性,否则缺乏正确性,可靠性下降。为此,如果评定中确实发现分量间存在强相关(如上所述,不同输入量之间采用了同一仪器或参考标准进行检测),则应该尽可能改用不同的仪器、设备、量具或参考标准等分别检测或测量这些参数使其不相关。

在评定中,如果证实某些分量之间存在着强相关关系,则应该首先判断其相关性是正相关关系还是负相关关系,并分别取相关系数为 +1 或 −1(当然,独立无关的分量之间相关系数 r 可视为零),然后求得合成不确定度 $u_c(y)$。本书第四章"一、金相显微镜检测盘条样品总脱碳层深度的测量不确定度评定"就是这样的实例。

(11)测量不确定度最终报告形式要注意的问题

测量不确定度是与测量结果相联系的参数。因此,测量不确定度最终的报告形式应该是三个部分,即检测结果、扩展不确定度 U 或 U_p、包含因子 k_p 数值或有效自由度 ν_{eff}。有的评定人员可能会漏报检测结果,应引起注意。

第二章 金属材料力学性能试验检测结果测量不确定度的评定实例

一、某航空结构钢拉伸试验检测结果测量不确定度的评定

1. 概述

(1) 测量方法

依据国家标准 GB/T 228.1—2010《金属材料 拉伸试验 第 1 部分:室温试验方法》。

(2) 环境条件

根据 GB/T 228.1—2010,试验一般在 10℃～35℃室温进行。本试验温度 26℃±2℃,相对湿度≤80%。

(3) 设备

200kN 液压万能试验机(1 级,示值相对最大允许误差为 ±1%)。

(4) 被测对象

某高强高韧性航空结构钢,圆形拉伸试样标称直径 $d = 10$mm,检测其下屈服强度 R_{eL},抗拉强度 R_m 及断后伸长率 A。

(5) 测量过程

根据 GB/T 228.1—2010,在规定环境条件下(包括万能材料试验机处于受控状态),选用试验机的 200kN 量程对试样,在标准规定的加载速率下,对试样施加轴向拉力,测试其试样的下屈服力和最大力,用计量合格的千分尺(0.01mm)划线机和游标卡尺分别测量试样的直径,原始标距和断后标距,最后通过计算得到 R_{eL}、R_m 和 A。

(6) 评定依据

JJF 1059.1—2012《测量不确定度评定与表示》。

2. 建立测量模型

下屈服强度为

$$R_{eL} = \frac{F_{eL}}{S_0} = \frac{4F_{eL}}{\pi \overline{d}^2} \qquad (2-1-1)$$

抗拉强度为

$$R_m = \frac{F_m}{S_0} = \frac{4F_m}{\pi \overline{d}^2} \qquad (2-1-2)$$

断后伸长率为

$$A = \frac{\overline{L}_u - L_0}{L_0} \times 100\% \qquad (2-1-3)$$

式中：F_{eL}、F_m——下屈服力和最大力，N；

S_0——试样平行长度的原始横截面积，mm^2；

$\bar{d}$——试样平行长度直径的均值，mm；

L_0——试样原始标距值，mm；

$\bar{L}_u$——试样断后标距的均值，mm；

A——断后伸长率，%。

3. 测量不确定度主要来源的分析

根据拉伸试验特点，经分析，不确定度的主要来源是试样尺寸直径测量引起的不确定度分量 $u(d)$；试验力值测量引起的不确定度分量 $u(F)$，分别有 $u(F_{eL})$ 和 $u(F_m)$；试样原始标距和断后标距长度测量引起的不确定度分量 $u(L_0)$ 和 $u(L_u)$。每个分量中皆包括检测人员测量重复性带来的不确定度和测量设备或量具误差带来的不确定度。另外，拉伸方法标准规定，不管是强度指标，还是塑性指标，其结果都应按标准的规定进行数值修约，所以还有数值修约所带来的不确定度分量 $u(R_{eL,rou})$、$u(R_{m,rou})$ 和 $u(A_{rou})$。

4. 标准不确定度分量的评定

（1）试样尺寸和标距测量引起的不确定度分量的评定

圆形试样的标称直径 d 为 10mm，用 0～25mm 的千分尺（计量检定为 1 级）测量；原始标距 L_0 用 10mm～250mm 的划线机（计量合格，极限误差为 ±0.5%）划线，$L_0 = 50mm$；断后标距 L_u 用（0～150）mm 的游标卡尺（计量合格，极限误差为 ±0.02mm）进行测定。在重复条件下对一试样进行了 5 次测定，共积累了 10 组数据（两个测试人员对同一试样在重复条件下各进行了 5 组规范化的测量），数据见表 2 - 1 - 1。

表 2 - 1 - 1　试样原始直径 d 和断后标距 L_u 测量数据

组数参数	测量次数 i	测量数据的组数 j									
		1	2	3	4	5	6	7	8	9	10
$d_{i,j}$/mm	1	10.01	10.00	9.99	9.98	9.99	10.02	10.02	10.01	9.99	10.01
	2	10.02	10.01	9.98	9.97	10.00	10.01	10.01	10.00	9.98	9.99
	3	10.01	9.99	10.00	9.99	9.98	10.00	10.00	10.02	10.00	10.01
	4	10.00	10.01	9.98	10.01	10.01	9.99	9.99	9.99	10.01	9.99
	5	9.99	9.99	9.97	9.99	10.01	9.99	9.98	9.99	9.99	9.98
$\bar{d}_j$/mm		10.01	10.00	9.98	9.99	10.00	10.00	10.00	10.00	9.99	10.00
$s_{d,j}$/mm		0.0114	0.0100	0.0114	0.0148	0.0130	0.0130	0.0158	0.0130	0.0114	0.0134
$L_{u,j}$/mm	1	56.20	56.12	56.16	56.14	56.22	56.12	56.16	56.18	56.20	56.16
	2	56.12	56.18	56.18	56.22	56.16	56.22	56.24	56.20	56.16	56.20
	3	56.10	56.20	56.20	56.12	56.10	56.20	56.10	56.16	56.12	56.18
	4	56.18	56.10	56.18	56.12	56.12	56.12	56.22	56.20	56.18	56.20
	5	56.10	56.12	56.22	56.24	56.08	56.12	56.08	56.16	56.22	56.18

表 2 - 1 - 1（续）

组数 参数	测量 次数 i	测量数据的组数 j									
		1	2	3	4	5	6	7	8	9	10
$\bar{L}_{u,j}$/mm		56.14	56.14	56.19	56.16	56.16	56.15	56.17	56.18	56.18	56.18
$s_{L_u,j}$/mm		0.04690	0.04336	0.02280	0.06229	0.05550	0.05933	0.06099	0.0200	0.03847	0.01673

注:1. 表中 $d_{i,j}$ 值,测量人员是按 GB/T 228.1—2010 中第 7 章和附录 B 的规定进行测定,即表中的每个 $d_{i,j}$ 值是在试样平行部分标距两端及中间 3 处于两个相互垂直的方向上各测一次,取算术平均值,选用 3 个平均值中的最小值,记入本表中。

　　2. 本试验试样拉断处到最近标距端点的距离大于 $1/3L_0$,所以根据 GB/T 228.1—2010 中 20.1 的规定可直接测量 L_u,但注意,表中每个 $L_{u,ij}$ 值,测量前都应重新将试样断裂部分仔细地"配接"在一起使其轴线处于同一直线上,然后再测量数据。

1）试样原始直径 d 测量重复性引起的不确定度分量 $u_1(d)$

根据

$$s_p = \sqrt{\frac{1}{m}\sum_{j=1}^{m}s_j^2} = \sqrt{\frac{1}{m(n-1)}\sum_{j=1}^{m}\sum_{i=1}^{n}(x_{ij} - \bar{x}_j)^2} \qquad (2-1-4)$$

由表 2 - 1 - 1 数据可得 d 的合并样本标准差

$$s_{p,d} = \sqrt{\frac{1}{m}\sum_{j=1}^{m}s_{d,j}^2} = \sqrt{\frac{1}{10}\times 0.00164512} = 0.01283\text{mm}$$

根据

$$\nu_p = \sum_{j=1}^{m}\nu_j \qquad (2-1-5)$$

自由度 $\nu_{p,d} = \sum_{j=1}^{m}\nu_j = m(n-1) = 10(5-1) = 40$；试样平行长度直径的均值 $\bar{d} = \frac{1}{m}\sum_{j=1}^{m}\bar{d}_j = 10.00\text{mm}$；试样断后标距的均值 $\bar{L}_u = \frac{1}{m}\sum_{j=1}^{m}\bar{L}_{u,j} = 56.16\text{mm}$。

根据

$$\hat{\sigma}(s_d) = \sqrt{\frac{\sum_{j=1}^{m}(s_{d,j} - \bar{s}_d)^2}{m-1}} \qquad (2-1-6)$$

求出标准差 $s_{d,j}$ 数列的标准差为

$$\hat{\sigma}(s_d) = \sqrt{\frac{\sum_{j=1}^{m}(s_{d,j} - \bar{s}_d)^2}{m-1}} = 0.001736\text{mm}$$

由表 2 - 1 - 1 可求得 $\bar{s}_d = 0.01272\text{mm}$。

因为

$$\hat{\sigma}(s_d) < \frac{s_{p,d}}{\sqrt{2(n-1)}} = \frac{0.01283}{\sqrt{2(5-1)}} = 0.004536\text{mm}$$

所以被测量较稳定,可使用同一个高可靠度的合并样本标准差 $s_{p,d}$ 来评定测量 d 时重复性所引起的不确定度,即

$$u_1(d) = \frac{s_{p,d}}{\sqrt{k}}$$

在实际测试工作中一般是按 GB/T 228.1—2010 的规定测定 1 次,取 3 个平均值中的最小值,即为 1 次,即表 2 - 1 - 1 中的任一个 $d_{i,j}$,于是 $k=1$,则有

$$u_1(d) = \frac{s_{p,d}}{\sqrt{1}} = s_{p,d} = 0.01283\text{mm}$$

自由度为

$$\nu_{p,d} = \sum_{j=1}^{m} \nu_j = m(n-1) = 10(5-1) = 40$$

2)断后标距 L_u 测量重复性引起的不确定度分量 $u_1(L_u)$

对于 L_u 的评定,根据式(2 - 1 - 6),由表 2 - 1 - 1 数据可计算求得

$$s_{p,L_u} = \sqrt{\frac{1}{m}\sum^{m} s_{L_u,j}^2} = \sqrt{\frac{1}{10} \times 0.02096} = 0.04578\text{mm}$$

自由度为

$$\nu_{p,L_u} = m(n-1) = 10(5-1) = 40$$

标准差 $s_{L_u,j}$ 数列的标准差为

$$\hat{\sigma}(s_{L_u}) = \sqrt{\frac{\sum_{j=1}^{m}(s_{L_u,j} - \bar{s}_{L_u})^2}{m-1}} = 0.01758\text{mm}$$

其中,$\bar{s}_{L_u} = 0.04264$。

由于

$$\hat{\sigma}(s_{L_u}) = 0.01758 > \frac{s_{p,L_u}}{\sqrt{2(n-1)}} = \frac{0.04578}{\sqrt{2(5-1)}} = 0.01618\text{mm}$$

所以,不可采用同一个 s_{p,L_u} 来评定 L_u 的不确定度,而采用 $s_{L_u,j}$ 中的 s_{max} 来评定,从表 2 - 1 - 1 中知,$s_{L_u,max} = s_{L_u,4} = 0.06229$。这说明对于 L_u 的测量,因为每次测量前需重新将试样断裂处仔细"配接",因为"配接"的紧密程度很难掌握得每次完全一样,所以导致了 L_u 的测试不太稳定,从表2 - 1 - 1中的 $s_{L_u,j}$ 数据可看出,各组之间的标准差差异很大,而对于 d 的测量,由于没有仔细"配接"的问题存在,所以各组数据标准差之间的差异就较小,说明被测量稳定,可用合并样本标准差来进行评定。因此,高可靠度的合并样本标准差 s_p 在理化检测中的应用,应注意被检测量的稳定性。

对于此问题,断后标距 L_u 测量重复性引起的不确定度分量 $u_1(L_u)$ 为

$$u_1(L_u) = s_{L_u,max} = s_{L_u,4} = 0.06229\text{mm}$$

自由度为

$$\nu = n - 1 = 4$$

3)测量试样原始直径 d 所用千分尺的误差引入的不确定度分量 $u_2(d)$

试样原始直径 d 用(0~25)mm 的千分尺测量,计量检定为 1 级,根据国家计量检定规程 JJG 21—2008《千分尺》,其极限示值误差为 ±0.004mm,即误差范围为[- 0.004mm,

0.004mm],其在此区间出现的概率是均匀的,即服从均匀分布,它引入的标准不确定度可用 B 类方法评定。

$$u(x) = \frac{A}{\sqrt{3}} \qquad (2-1-7)$$

计算得到 $u_2(d) = 0.002309$mm。B 类不确定度的自由度为

$$\nu = \frac{1}{2}\left[\frac{\Delta u(x)}{u(x)}\right]^{-2} \qquad (2-1-8)$$

式中:$\Delta u(x)$——$u(x)$ 的标准差。

对于来自国家计量部门出具的检定或校准证书给出的信息(允许误差或不确定度),一般认为 $\frac{\Delta u(x)}{u(x)} = 0.10$。

此时,自由度为

$$\nu = \frac{1}{2}\left[\frac{\Delta u(x)}{u(x)}\right]^{-2} = \nu = \frac{1}{2}[0.10]^{-2} = 50 \qquad (2-1-9)$$

4)测量断后标距 L_u 所用游标卡尺的误差引入的不确定度分量 $u_2(L_u)$

试样断后标距 L_u 是用(0~150)mm 的游标卡尺测量的,经计量合格,证书给出的极限误差为 ±0.02mm(国际计量检定规程 JJG 30—2012《通用卡尺》),也服从均匀分布,其引起的标准不确定度也用 B 类方法评定,由式(2-1-7)有

$$u_2(L_u) = \frac{A}{\sqrt{3}} = \frac{0.02}{\sqrt{3}} = 0.01155\text{mm}$$

根据式(2-1-9),自由度 $\nu = 50$。

5)试样原始直径 d 的测量不确定度分量 $u(d)$

上述 $u_1(d)$ 与 $u_2(d)$ 相互独立,所以圆形试样原始直径的测量标准不确定度可合成,即 $u^2(d) = u_1^2(d) + u_2^2(d)$,将数据代入得

$$u(d) = \sqrt{u_1^2(d) + u_2^2(d)} = \sqrt{0.01283^2 + 0.002309^2} = 0.01304\text{mm}$$

6)试样断后标距 L_u 的测量不确定度分量 $u(L_u)$

同理,因上述的 $u_1(L_u)$ 与 $u_2(L_u)$ 相互独立,所以

$$u^2(L_u) = u_1^2(L_u) + u_2^2(L_u)$$

将数据代入有

$$u(L_u) = \sqrt{0.06229^2 + 0.01155^2} = 0.06335\text{mm}$$

7)试样原始标距 L_0 的测量不确定度分量 $u(L_0)$

试样原始标距 $L_0 = 50$mm,是用 10mm~250mm 的划线机一次性划出,划线机计量检定合格,极限误差为 ±0.5%,且服从均匀分布,因此所给出的相对不确定度为

$$u_{rel}(L_0) = \frac{0.5\%}{\sqrt{3}} = 0.2887\%$$

由

$$u_{rel}(x_i) = \frac{u(x_i)}{|x|}$$

有

$$u(x_i) = |x| u_{rel}(x_i)$$

则

$$u(L_0) = |L_0| u_{rel}(L_0) = 50 \times \frac{0.2887}{100} = 0.1444 \text{mm}$$

自由度 $\nu = 50$。

（2）试验力值测量结果标准不确定度分量 $u(F)$ 的评定

拉伸试验按 GB/T 228.1—2010 的规定，以下对试验力值测量误差引起的不确定度进行评定。

1）试验机示值误差引起的测量不确定度分量

使用的 200kN 液压万能试验机，经检定为 1 级，其示值误差为 ±1.0%，示值误差出现在区间 [−1.0% ~ +1.0%] 的概率是均匀的，可用 B 类评定。对于下屈服力有

$$u_{1,rel}(F_{eL}) = \frac{(1\% \times 2)/2}{\sqrt{3}} = 0.58 \times 10^{-2}$$

式中：$u_{1,rel}(F_{eL})$——由于试验机示值误差引入的下屈服力示值相对标准不确定度。

从表 2−1−2 可知，$\overline{F}_{eL} = 88.04 \text{kN}$，所以此项绝对分量为

$$u_1(F_{eL}) = \overline{F}_{eL} \times u_{1,rel}(F_{eL}) = 88.04 \times 0.58 \times 10^{-2} = 51.06 \times 10^{-2} \text{kN}$$

由式（2−1−9），自由度 $\nu = 50$。

同理，由于试验机示值误差引起的最大力示值相对标准不确定度为

$$u_{1,rel}(F_m) = \frac{(1\% \times 2)/2}{\sqrt{3}} = 0.58 \times 10^{-2}$$

自由度 $\nu = 50$。

同理，由表 2−1−3 的数据可求得 $\overline{F}_m = 99.06 \text{kN}$，此项绝对分量为

$$u_1(F_m) = \overline{F}_m \times u_{1,rel}(F_m) = 99.06 \times 0.58 \times 10^{-2} = 57.46 \times 10^{-2} \text{kN}$$

表 2−1−2　下屈服力读数数据及计算

参数	次数 i						$\overline{F}_{eL}/\text{kN}$	$s_{F_{eL}}/\text{kN}$	$u_4(F_{eL})/\text{kN}$	$u_{4,rel}(F_{eL})/\%$
	1	2	3	4	5	6				
$F_{eL,i}/\text{kN}$	88.04	88.00	88.04	88.04	88.08	88.04	88.04	0.0253	0.025	0.028

2）标准测力仪所引入的标准不确定度分量

试验机是借助于 0.3 级标准测力仪进行校准的，该校准源的不确定度为 0.3%，置信因子为 2，由此引入的 B 类相对标准不确定度为

对于下屈服力，$u_{2,rel}(F_{eL}) = \frac{0.3\%}{2} = 0.15 \times 10^{-2}$，自由度 $\nu = 50$。

于是，可求得此项绝对分量为

$$u_2(F_{eL}) = \overline{F}_{eL} \times u_{2,rel}(F_{eL}) = 88.04 \times 0.15 \times 10^{-2} = 13.21 \times 10^{-2} \text{kN}$$

对于最大力，$u_{2,rel}(F_m) = \frac{0.3\%}{2} = 0.15 \times 10^{-2}$，自由度 $\nu = 50$。

同理可求得此项绝对分量为

$$u_2(F_m) = \overline{F}_m \times u_{2,rel}(F_m) = 99.06 \times 0.15 \times 10^{-2} = 14.86 \times 10^{-2} \text{kN}$$

表 2 - 1 - 3　最大力示值读数数据及计算

参数	读数次数 i	示值读数的组数 j									
		1	2	3	4	5	6	7	8	9	10
最大力 $F_{m,ij}$/kN	1	99.04	99.00	99.04	99.04	99.04	99.08	99.04	99.08	99.04	99.08
	2	99.00	99.04	99.08	99.04	99.08	99.08	99.08	99.08	99.04	99.08
	3	99.04	99.08	99.08	99.08	99.08	99.04	99.08	99.04	99.08	99.08
	4	99.04	99.08	99.04	99.04	99.08	99.04	99.00	99.08	99.04	99.04
	5	99.00	99.04	99.04	99.08	99.08	99.04	99.08	99.04	99.00	99.04
$\overline{F}_{m,ij}$/kN		99.02	99.05	99.06	99.06	99.07	99.06	99.06	99.06	99.05	99.06
$s_{Fm,ij}$/kN		0.0219	0.0035	0.0219	0.0179	0.0219	0.0219	0.0219	0.0219	0.0179	0.0219

　　注:表中第 1 ~ 第 5 组数据和第 6 ~ 第 10 组数据分别为两个测试人员对同一试样从停留在最大力处的被动指针位置重复读取 F_m 值而得的数列。

　　3)试验机度盘分度引入的标准不确定度分量

　　测试人员读取试验机示值(试验力)时,引入的不确定度与试验机度盘的分度值有关。该度盘量程上限为 200kN,一个分度相当于 0.2kN,测试人员可估读到 ±0.2 个分度,即 ±0.04kN,即相对于满刻度而言,可以估读到 ±0.04kN/200kN = ±2 × 10⁻⁴。然而,实际上试样是不会一直拉到量程上限才断裂,一般控制在度盘量程的 40% ~ 80% 范围内,本实例断裂于量程的 1/2 附近,这样 ±0.04kN 相对于 1/2 × 200kN = 100kN 而言,即为 ±0.04/100 = ±4 × 10⁻⁴,即可估读到 ±4 × 10⁻⁴。取 ±4 × 10⁻⁴ 为试验力示值读数相对误差,则读数可能值出现于此范围内的任何处是等概率的,即为均匀分布,于是

$$u(x) = \frac{a}{k_p} \tag{2-1-10}$$

　　可得,与试验机度盘分度及读数有关的 B 类相对标准不确定度为

$$u_{3,rel}(F_{eL}) = \frac{a}{k} = \frac{4 \times 10^{-4}}{\sqrt{3}} = 2.3 \times 10^{-4} = 0.023 \times 10^{-2}$$

　　对于下屈服力,绝对分量为

$$u_3(F_{eL}) = \overline{F}_{eL} \times u_{3,rel}(F_{eL}) = 88.04 \times 0.023 \times 10^{-2} = 2.025 \times 10^{-2}kN$$

　　对于最大力,同样有

$$u_{3,rel}(F_m) = \frac{a}{k} = \frac{4 \times 10^{-4}}{\sqrt{3}} = 2.3 \times 10^{-4} = 0.023 \times 10^{-2}$$

　　最大力绝对分量为

$$u_3(F_m) = \overline{F}_m \times u_{3,rel}(F_m) = 99.06 \times 0.023 \times 10^{-2} = 2.278 \times 10^{-2}kN$$

　　4)不同测试人员对试验机力值读数重复性引入的不确定度分量

　　这可由不同人员对同一试验力示值多次重复读数的结果,用统计方法进行 A 类不确定度的评定。本例采用的是度盘式试验机,试样材料具有明显的屈服平台,且区间较长,所以对于屈服力(GB/T 228.1—2010 称为下屈服力),测试人员重复读取 6 次数据,而对于最大力,在试验达到最大力后,由两个人员在重复条件下分别从停留在最大试验力处的度盘被动指

针进行 5 次读数,各得 5 组示值读数数据,二人共 10 组数据,见表 2 - 1 - 2 和表 2 - 1 - 3。

观测列计算得屈服力平均值为

$$\overline{F}_{eL} = \frac{1}{n} \sum_{i=1}^{6} F_{eL,i} = 88.04kN$$

由贝塞尔公式得出标准差为

$$s_{F_{eL}} = \sqrt{\frac{\sum_{i=1}^{n} (F_{eL,i} - \overline{F}_{eL})^2}{n-1}} = 0.02530kN$$

实际测量情况是取任一次观测值作为屈服力,即 $u_4(F_{eL}) = 0.02530kN$,而相对标准不确定度为

$$u_{4,rel}(F_{eL}) = \frac{u_4(F_{eL})}{|\overline{F}_{eL}|} = \frac{0.025}{88.04} = 0.028\%$$

自由度 $\nu = n - 1 = 5$。

对于最大力 F_m,可作如下计算:

最大力的总平均值

$$\overline{F}_m = \frac{1}{m} \sum_{j=1}^{m} \overline{F}_{m,j} = 99.06kN$$

合并样本标准差

$$s_{p,F_m} = \sqrt{\frac{1}{m} \sum_{j=1}^{m} s_{F_{m,j}}^2} = \sqrt{0.000512034} = 0.02263kN$$

自由度

$$\nu_{p,F_m} = m(n-1) = 10(5-1) = 40$$

应用

$$\hat{\sigma}(s) = \sqrt{\frac{\sum_{j=1}^{m} (s_j - \overline{s})^2}{m-1}} \qquad (2-1-11)$$

可求得标准差 $s_{F_{m,j}}$ 的标准差为

$$\hat{\sigma}(s_{F_m}) = 0.00429kN$$

$$\hat{\sigma}(s_{F_m}) = 0.00429 < \frac{s_{p,F_m}}{\sqrt{2(n-1)}} = \frac{0.02263}{\sqrt{2(5-1)}} = 0.008001$$

这表明测量稳定,可使用同一个高可靠度的合并样本标准差 s_{p,F_m} 来评定重复性引入的不确定度分量,于是读取 F_m 时重复性所引入的不确定度,得

$$u_4(F_m) = s_{p,F_m} = /\sqrt{k}$$

在实际测试中是一次性读数,所以 $k = 1$,于是有

$$u_4(F_m) = s_{p,F_m} = 0.02263kN$$

其相对标准不确定度为

$$u_{4,rel}(F_m) = \frac{u_4(F_m)}{|\overline{F}_m|} = \frac{0.023}{99.06} = 0.023 \times 10^{-2}$$

5)输入量试验力值检测结果的标准不确定度分量 $u(F_{eL})$ 和 $u(F_m)$

鉴于上述材料试验机、标准测力仪、度盘分度、测试人员这 4 个不确定度分量彼此无关,是独立的,所以这 4 个试验力测量的绝对标准不确定度可合成为

$$u(F_{eL}) = \sqrt{u_1^2(F_{eL}) + u_2^2(F_{eL}) + u_3^2(F_{eL}) + u_4^2(F_{eL})}$$
$$= \sqrt{(51.06 \times 10^{-2})^2 + (13.21 \times 10^{-2})^2 + (2.025 \times 10^{-2})^2 + (2.530 \times 10^{-2})^2}$$
$$= \sqrt{2792.129225 \times 10^{-4}} = 52.84 \times 10^{-2} = 0.5284 = 528.4N$$

此时可求得 F_{eL} 的相对不确定度为

$$u_{rel}(F_{eL}) = \frac{u(F_{eL})}{|\overline{F}_{eL}|} = \frac{0.5284}{88.04} = 0.60\%$$

同样,可求得

$$u(F_m) = \sqrt{u_1^2(F_m) + u_2^2(F_m) + u_3^2(F_m) + u_4^2(F_m)}$$
$$= \sqrt{(57.46 \times 10^{-2})^2 + (14.86 \times 10^{-2})^2 + (2.278 \times 10^{-2})^2 + (2.263 \times 10^{-2})^2}$$
$$= \sqrt{3532.781653 \times 10^{-4}} = 59.44 \times 10^{-2} = 0.5944kN = 594.4N$$

同理,F_m 的相对不确定度为

$$u_{rel}(F_m) = \frac{u(F_m)}{|\overline{F}_m|} = \frac{0.5944}{99.06} = 0.60\%$$

注意,因为这 4 个因素间的数学关系不明确,因此,如果用这 4 个因素的相对不确定度分量进行方和根的运算来求得 $u_{rel}(F_{eL})$ 和 $u_{rel}(F_m)$ 是不正确的。

(3)数值修约引起的标准不确定度分量 $u(R_{rou})$ 和 $u(A_{rou})$ 的评定

GB/T 228.1—2010 中第 22 章规定,试样测定的性能结果数值应按照相关产品标准的要求进行修约。如未规定具体要求,应按照如下要求进行修约:强度性能修约到 1MPa,屈服点延伸率修约到 0.1%,其他延伸率和断后延伸率修约到 0.5%,断面收缩率修约到 1%。

在日常工作中,许多情况下未规定具体要求,因此,应按照标准要求进行修约。这必定引入了不确定度,这可用 B 类方法来评定。对于金属材料拉伸性能试验结果的数值修约引入的不确定度,按照 B 类不确定度的评定公式,如果修约间隔为 δ,则修约间隔引入的不确定度分量为 $u(x) = 0.29\delta$。对于本实例

$$\overline{R}_{eL} = \frac{\overline{F}_{eL}}{\overline{S}_0} = \frac{\overline{F}_{eL}}{\frac{\pi}{4}\overline{d}^2} = \frac{4 \times 88.04 \times 10^3}{\pi \times 10.00^2} = 1120.96 = 1121N/mm^2$$

$$\overline{R}_m = \frac{\overline{F}_m}{\overline{S}_0} = \frac{\overline{F}_m}{\frac{\pi}{4}\overline{d}^2} = \frac{4 \times 99.06 \times 10^3}{\pi \times 10.00^2} = 1261.27 = 1261N/mm^2$$

由于修约间隔 $\delta = 1N/mm^2$,对于抗拉强度,下屈服强度修约引入的不确定度分量自然就是 $u(R_{m,oru}) = 0.29\delta = 0.29 \times 1 = 0.29N/mm^2$,自由度皆为 ∞。

断后伸长率的结果为

$$A = \frac{\overline{L}_u - L_0}{L_0} = \frac{56.16 - 50}{50} = 12.32\% = 12.5\%$$

由于修约间隔 $\delta = 0.5\%$,断后伸长率修约引入的不确定度分量自然就是 $u(A_{rou}) = 0.29\delta = 0.29 \times 0.5\% = 0.14\%$,自由度为 ∞。

5. 合成标准不确定度的计算

因试验力、试样原始直径、标距的测量引入的不确定度以及数值修约(最终结果经数值修约而得到,对最终结果而言,修约也相当于输入)引入的不确定度之间彼此独立不相关。因此,由测量模型式(2-1-1)、式(2-1-2)和式(2-1-3),根据 JJF 1059.1—2012 中式(31)可得到合成标准不确定度。计算所需的标准不确定度分量汇总见表 2-1-4。

表 2-1-4　标准不确定度分量汇总

分量 $u(x_i)$	不确定度来源	标准不确定度分量 $u(x_i)$ 之值
$u(d)$	试样原始直径的测量 测量重复性 千分尺误差	$u(d) = 0.01304\text{mm}$ $u_1(d) = 0.01283\text{mm}$ $u_2(d) = 0.002309\text{mm}$
$u(L_u)$	试样断后标距的测量 测量重复性 游标卡尺误差	$u(L_u) = 0.06335\text{mm}$ $u_1(L_u) = 0.06229\text{mm}$ $u_2(L_u) = 0.01155\text{mm}$
$u(L_0)$	试样原始标距的确定 划线机的误差	$u(L_0) = 0.1444\text{mm}$
$u(F_{eL})$	试样下屈服力的测定 试验机示值误差 标准测力仪 度盘分度 人员读数重复性	$u(F_{eL}) = 528.4\text{N}$ $u_1(F_{eL}) = 510.6\text{N}$ $u_2(F_{eL}) = 132.1\text{N}$ $u_3(F_{eL}) = 20.25\text{N}$ $u_4(F_{eL}) = 25.30\text{N}$
$u(F_m)$	试样最大力的测定 试验机示值误差 标准测力仪 度盘分度 人员读数重复性	$u(F_m) = 594.4\text{N}$ $u_1(F_m) = 574.6\text{N}$ $u_2(F_m) = 148.6\text{N}$ $u_3(F_m) = 22.78\text{N}$ $u_4(F_m) = 22.63\text{N}$
$u(R_{eL,rou})$	下屈服强度计算值的数值修约	$u(R_{eL,rou}) = 0.29\text{N/mm}^2$
$u(R_{m,rou})$	抗拉强度计算值的数值修约	$u(R_{m,rou}) = 0.29\text{N/mm}^2$
$u(A_{rou})$	断后伸长率计算值的数值修约	$u(A_{rou}) = 0.14\%$

由于各输入量间均不相关,所以由 JJF 1059.1—2012 中式(31)有

$$u_c^2(y) = \sum_{i=1}^{N} \left[\frac{\partial f}{\partial x_i}\right]^2 u^2(x_i) = \sum_{i=1}^{N} c_i^2 \cdot u^2(x_i) = \sum_{i=1}^{N} u_i^2(y) \quad (2-1-12)$$

得

$$u_c^2(R_{eL}) = u_1^2(R_{eL}) + u_2^2(R_{eL}) + u_3^2(R_{eL})$$

即

$$u_c^2(R_{eL}) = c_{F_{eL}}^2 u^2(F_{eL}) + c_{d,eL}^2 u^2(d) + u^2(R_{eL,rou}) \quad (2-1-13)$$

同理有

$$u_c^2(R_m) = c_{F_m}^2 u^2(F_m) + c_{d,m}^2 u^2(d) + u^2(R_{m,rou}) \qquad (2-1-14)$$

$$u_c^2(A) = c_{L_u}^2 u^2(L_u) + c_{L_0}^2 u^2(L_0) + u^2(A_{rou}) \qquad (2-1-15)$$

测量模型对各输入量求偏导数,可得相应的不确定度灵敏系数有

$$c_{F_{eL}} = \frac{\partial R_{eL}}{\partial F_{eL}} = \frac{4}{\pi(\bar{d})^2} c_{d,eL} = \frac{\partial R_{eL}}{\partial \bar{d}} = -\frac{8F_{eL}}{\pi(\bar{d})^3}$$

$$c_{F_m} = \frac{\partial R_m}{\partial F_m} = \frac{4}{\pi(\bar{d})^2} c_{d,m} = \frac{\partial R_m}{\partial \bar{\bar{d}}} = -\frac{8F_m}{\pi(\bar{d})^3}$$

$$c_{L_u} = \frac{\partial A}{\partial \bar{\bar{L}}_u} = \frac{1}{L_0} c_{L_0} = \frac{\partial A}{\partial L_0} - \frac{\bar{L}_u}{L_0^2}$$

将各数据代入式(2-1-4)、式(2-1-5)、式(2-1-6)得

$$u_c^2(R_{eL}) = \left[\frac{4}{\pi(10.00\text{mm})^2}\right]^2 \times (528.4\text{N})^2 + \left[\frac{-8 \times 88.04 \times 10^3\text{N}}{\pi(10.00\text{mm})^3}\right]^2$$
$$\times (0.01304\text{mm})^2 + (0.29\text{N/mm}^2)^2$$

$$u_c^2(R_m) = \left[\frac{4}{\pi(10.00\text{mm})^2}\right]^2 \times (594.4\text{N})^2 + \left[\frac{-8 \times 99.06 \times 10^3\text{N}}{\pi(10.00\text{mm})^3}\right]^2$$
$$\times (0.01304\text{mm})^2 + (0.29\text{N/mm}^2)^2$$

$$u_c^2(A) = \frac{1}{(50\text{mm})^2} \times (0.06335\text{mm})^2 + \left[-\frac{56.16\text{mm}}{(50\text{mm})^2}\right]^2 (0.1444\text{mm})^2 + (0.14\%)^2$$

经计算可得

$$u_c(R_{eL}) = \sqrt{54.3485} = 7.3721\text{N/mm}^2$$
$$u_c(R_m) = \sqrt{68.2992} = 8.2643\text{N/mm}^2$$
$$u_c(A) = \sqrt{1.4087 \times 10^{-5}} = 3.75 \times 10^{-3} = 0.375\%$$

6. 扩展不确定度的评定

扩展不确定度 U 由 $u_c(y)$ 乘包含因子 k 得到,即

$$U = ku_c(y) \qquad (2-1-16)$$

包含因子 k 的选择是以区间 $(y-U, y+U)$ 有关的期望为依据,通常 k 取 $2\sim3$,大多数情况下(服从正态分布),即 $k=2$,区间的包含概率约为 95%(95.45%);$k=3$,区间的包含概率约为 99%(99.73%)。

通常推荐包含因子 $k=2$,它与 $u_c(y)$ 值相乘后按照 GUM 的规定,结合试验方法标准 GB/T 228.1—2010 的规定决定有效位数,然后根据 GB/T 8170—2008《数值修约规则与极限数值的表示和判定》进行一次性修约得到结果,所以对于本实例有

$$U(R_{eL}) = 2u_c(R_{eL}) = 2 \times 7.3721 = 14.7442 = 15\text{N/mm}^2$$
$$U(R_m) = 2u_c(R_m) = 2 \times 8.2643 = 16.5286 = 17\text{N/mm}^2$$
$$U(A) = 2u_c(A) = 2 \times 0.375\% = 0.75\% = 0.8\%$$

用相对扩展不确定度来表示,则分别是

$$U_{rel}(R_{eL}) = \frac{U(R_{eL})}{R_{eL}} = \frac{15}{1121} = 1.338\% = 1.3\%$$

$$U_{rel}(R_m) = \frac{U(R_m)}{R_m} = \frac{17}{1261} = 1.348\% = 1.3\%$$

$$U_{rel}(A) = \frac{U(A)}{A} = \frac{0.8\%}{12.5\%} = 6.4\%$$

7. 测量不确定度结果

本实例评定的某航空结构钢的下屈服强度 R_{eL}、抗拉强度 R_m、断后伸长率 A 测量结果的不确定度结果如下：

$$R_{eL} = 1121N/mm^2, U = 15N/mm^2 (k=2)$$
$$R_m = 1261N/mm^2, U = 17N/mm^2 (k=2)$$
$$A = 12.5\%, U = 0.8\%, k=2$$

可以预期,在符合正态分布的前提下,在 $(1121N/mm^2 - 15N/mm^2)$ 至 $(1121N/mm^2 + 15N/mm^2)$ 的区间包含了下屈服强度 R_{eL} 测量结果可能值的 95%；在 $(1261N/mm^2 - 17N/mm^2)$ 至 $(1261N/mm^2 + 17N/mm^2)$ 的区间包含了抗拉强度 R_m 测量结果可能值的 95%；在 $(12.5\% - 0.8\%)$ 至 $(12.5\% + 0.8\%)$ 的区间包含了断后伸长率 A 测量结果可能值的 95%。

如果以相对扩展不确定度的形式来报告,则可写为

$$R_{eL} = 1121N/mm^2, U_{rel} = 1.3\% (k=2)$$
$$R_m = 1261N/mm^2, U_{rel} = 1.3\% (k=2)$$
$$A = 12.5\%, U_{rel} = 6.4\% (k=2)$$

8. 说明和讨论

1)国内外长期的研究和力学检测工作表明,试验速率(加载速率)对拉伸试验结果 R_p、R_{eH}、R_{eL}、R_t、R_m、A、Z 等皆有影响,其中对 R_m 的影响较小,对 R_p 和 R_{eH} 影响较大。这种影响对中低强度钢较明显,对高强度钢影响较小。本实例研究的是高强度钢材,检测的是拉伸性能常用指标 R_{eL}、R_m 和 A,采用的加载速率是标准规定范围的中值。因此,试验速率对测试结果的影响基本上可忽略不计。为此,在本实例的评定中没有考虑这一因素。但如果研究的是中低强度钢,并且加载速率是采用标准规定范围的极值时,那么加载速率的影响是必须考虑的。

2)如果拉伸试验在 10℃～35℃,温度波动≤2℃/h,相对湿度≤80% 条件下进行,那么环境温度变化所引起的不确定度对于力值由度盘显示的材料试验机可忽略不计。对于使用载荷传感器的材料试验机,根据 JJG 391—2009《力传感器》如果是高精密级载荷传感器,其输出温度影响为 (±0.02%～±0.05%)FS/10℃,影响很小。因此,温度变化所引起的不确定可忽略不计。如果用的是精密型载荷传感器其输出温度影响为 (±0.10%～±0.30%)FS/10℃,可见有一定程度的影响。严格说来也应该考虑环境温度变化引起的不确定度。

3)影响拉伸试验结果的因素还有取样部位、试样加工、材料均匀性、试样夹持方式、施力同轴性等,如有需要,且条件允许这些因素引起的不确定度分量也应进行评定。如果有的因素,如取样部位已严格按照 GB/T 2975—1998《钢及钢产品　力学性能试验取样位置及试样制备》的规定执行,试样加工已严格按照相关标准执行并达到要求,那么取样部位及试样加工引起的不确定度即可忽略不计。

4)如果拉伸试验采用现代化的材料试验机,如微机控制电子万能试验机、数显式或屏幕显示万能材料试验机等进行试验,那么在评定试验力值测量结果标准不确定度时,试验机度盘分度引入的标准不确定度及人员读数重复性引入的不确定度可不必考虑,只需评定试验机本身的不确定度或允许误差引入的不确定度分量。

5) 根据 ISO 发布的 GUM 或我国 JJF 1059.1—2012 的规定,测量不确定度的最终结果最多为两位有效数字,而在计算过程中,为避免修约误差而必须保留多余的位数。因此,在计算过程中标准差及测量不确定度分量皆应保留两位以上有效数字,而最终结果 U 经一次修约为两位或一位有效数字。

二、某低强度钢矩形拉伸试样检测结果测量不确定度评定

1. 概述

（1）测量方法及评定依据

按照 GB/T 228.1—2010《金属材料 拉伸试验 第 1 部分:室温试验方法》进行试验。评定依据为 JJF 1059.1—2012《测量不确定度评定与表示》、GB/T 16825.1—2008《静力单轴试验机的检验 第 1 部分:拉力和(或)压力试验机测力系统的检验与校准》、GB/T 12160—2002《单轴试验用引伸计的标定》、GB/T 3101—1993《有关量、单位和符号的一般原则》等。

（2）环境条件

根据 GB/T 228.1—2010,试验一般在 10℃ ~ 35℃ 室温进行。对于本实例试验温度为 21℃ ±3℃。

（3）被测对象

低强度钢矩形拉伸试样,试样名义尺寸 $a = 2mm$, $b = 20mm$, $L_0 = 80mm$, $L_c = 120mm$。检测 R_{eL}、R_{eH}、R_m、A_{80mm},给出拉伸试验检测结果及不确定度报告。

（4）测量设备

经政府计量部门检定合格的 Zwick – Z100 电子拉伸试验机,0.5 级(100kN 量程,可控制夹头分离速率);1 级千分尺(测量试样厚度 a),数显游标卡尺(测量试样宽度 b 与拉断后的 L_u);打点机标记的试样原始标距相对误差为 ±0.5%。

（5）测量过程

根据 GB/T 228.1—2010,在室温条件下,用 1 级千分尺测量试样厚度 a,用数显游标卡尺测量试样宽度 b,以计算其原始横截面积,用打点机标记原始标距,选择 Zwick – Z100 电子拉伸试验机,试验速率为屈服前夹头分离速率 10mm/min[对应的应力速率在(40MPa/s ± 10MPa/s)、屈服阶段应变速率($0.0015s^{-1}$ ± $0.0010s^{-1}$)范围内],屈服后夹头分离速率 $0.45L_c$/min = 54mm/min,对试样施加轴向拉力,测试试样的 F_{eL}、F_{eH}、F_m,试样拉断后用数显游标卡尺测量 L_u,计算相应的强度指标 R_{eL}、R_{eH}、R_m 与塑性指标 A_{80mm}。

2. 建立测量模型

根据检测方法标准 GB/T 228.1—2010,4 个检测参数的测量模型如下:

下屈服强度（N/mm²）为

$$R_{eL} = \frac{F_{eL}}{S_0} = \frac{F_{eL}}{ab} \qquad (2-2-1)$$

上屈服强度（N/mm²）为

$$R_{eH} = \frac{F_{eH}}{S_0} = \frac{F_{eH}}{ab} \qquad (2-2-2)$$

抗拉强度（N/mm²）为

$$R_m = \frac{F_m}{S_0} = \frac{F_m}{ab} \qquad (2-2-3)$$

断后伸长率(%)为

$$A = \frac{L_u - L_0}{L_0} \times 100 \qquad (2-2-4)$$

3. 测量不确定度来源的分析

根据拉伸试验特点,经分析,不确定度的主要来源是:试样横截面尺寸测量引入的不确定度分量 $u(a)$ 和 $u(b)$;试样原始标距和断后标距长度测量引入的不确定度分量 $u(L_0)$ 和 $u(L_u)$;试验力值测量引入的不确定度分量 $u(F)$,分别有 $u(F_{eH})$、$u(F_{eL})$ 和 $u(F_m)$;试验速率的偏差引入的不确定度分量 $u(x_v)$(测 R_{eL}、R_{eH} 时,用夹头分离速率间接控制应力速率,需要考虑应力速率的偏差的影响,测 R_m、A_{80mm} 时为试验机直接控制夹头分离速率,可不考虑试验速率的偏差的影响)。每个分量中皆包括了检测人员测量重复性引入的不确定度和测量设备或量具误差引入的不确定度。另外,拉伸方法标准规定,不管是强度指标,还是塑性指标,其结果都应按标准的规定进行数值修约,以及数值修约引入的不确定度分量 $u(R_{eL,rou})$、$u(R_{m,rou})$ 和 $u(A_{rou})$。

4. 标准不确定度分量的评定

对于本实例采用上述的量具和方法测量结果是:试样厚度 $a = 1.64m$,试样宽度 $b = 20.02mm$,原始面积 $S_0 = 32.833mm^2$,下屈服力 $F_{eL} = 6.74kN$,上屈服力 $F_{eH} = 7.05kN$,最大力 $F_m = 13.47kN$,断后标记 $L_u = 96.11mm$。

检测结果经计算得到 $R_{eL} = 205.28N/mm^2$,$R_{eH} = 214.72N/mm^2$,$R_m = 410.26N/mm^2$,$A_{80mm} = 20.14\%$。

(1)试样尺寸测量误差引入的标准不确定度 $u(x)$

1)测量试样尺寸时量具引入的不确定度 $u_1(x)$

试样厚度 a 是用(0~25)mm 的千分尺测量的,计量检定为 1 级。根据 JJG 21—2008,其极限示值误差为 $\pm 0.004mm$,即误差范围为 $[-0.004, 0.004]$,其出现在此区间的概率是均匀的,即服从均匀分布,它引起的标准不确定度可用 B 类方法评定。根据

$$u(x) = \frac{A}{\sqrt{3}} \qquad (2-2-5)$$

计算得到 $u_1(a) = 0.002309mm$。

B 类不确定度的自由度为

$$\nu = \frac{1}{2} \left[\frac{\Delta u(x)}{u(x)} \right]^{-2} \qquad (2-2-6)$$

式中:$\Delta u(x)$——$u(x)$ 的标准差。

对于来自国家计量部门出具的检定或校准证书给出的信息(允许误差或不确定度),一般认为

$$\frac{\Delta u(x)}{u(x)} = 0.10$$

根据式(2-2-6),自由度

$$\nu = \frac{1}{2} \left[\frac{\Delta u(x)}{u(x)} \right]^{-2} = \frac{1}{2} [0.10]^{-2} = 50$$

试样宽度 b、断后标距 L_u 采用的是数显游标卡尺,经计量合格,证书给出的极限误差为 $\pm 0.03\text{mm}$(JJG 30—2012),也服从均匀分布,其所引起的标准不确定度也用 B 类方法评定。

根据式(2-2-5)得 $u_1(b) = u_1(L_u) = 0.0173\text{mm}$。根据式(2-2-6)得自由度 $\nu = 50$。

2)测试人员在测量试样尺寸时重复性引入不确定度 $u_2(x)$

测量试样原始尺寸 a 与 b 时,可由多个测试人员多次重复测量的结果,用统计方法进行计算确定试样尺寸测量的 A 类不确定度,也可按照以前测量的数据和经验来确定 B 类不确定度。测量试样尺寸误差经验数据引入的 B 类不确定度分量汇总于表 2-2-1 和表 2-2-2。由表 2-2-1 查得 $u_2(a)$ 与 $u_2(b)$。本实例选用以前测量的数据和经验,查表 2-2-1 得 $u_2(a) = 0.0102\text{mm}$,$u_2(b) = 0.0102\text{mm}$。

表 2-2-1　测试人员测量试样原始横截面尺寸误差的经验数据引入的不确定度 $u_2(x)$

尺寸测量器具	经验测量误差区间半宽/mm	不确定度 $u_2(x)$/mm
数显千分尺	0.01	0.0051
1 级千分尺	0.02	0.0102
数显游标卡尺或游标卡尺	0.02	0.0102

表 2-2-2　测试人员测量试样断后尺寸误差的经验数据引入的不确定度 $u_2(x)$

尺寸测量器具与测量项目	经验测量误差区间半宽/mm	不确定度 $u_2(x)$/mm
数显游标卡尺或游标卡尺测 d_u	0.03 ~ 0.05	0.0153 ~ 0.0255
(数显)游标卡尺或尖头千分尺测 a_u	0.04 ~ 0.06	0.0204 ~ 0.0306
数显游标卡尺或游标卡尺测 b_u	0.04 ~ 0.08	0.0204 ~ 0.0408
数显游标卡尺或游标卡尺测 L_u	0.06 ~ 0.12	0.0306 ~ 0.0612

测量试样断后尺寸 L_u 时,按照以前测量的数据和经验来确定 B 类不确定度,根据表 2-2-2,选用区间 0.0306 ~ 0.0612 的中值 0.0460,得 $u_2(L_u) = 0.0460\text{mm}$。

自由度皆为

$$\nu_{p,d} = \sum_{j=1}^{m} \nu_j = m(n-1) = 10(5-1) = 40$$

3)试样尺寸测量误差引入的标准不确定度分量 $u(x)$

由于量具引入的不确定度与人员测试重复性引入的不确定度独立不相关,试样原始厚度测量不确定度分量为

$$u(a) = \sqrt{u_1^2(a) + u_2^2(a)} = \sqrt{0.0023^2 + 0.0102^2} = 0.0105\text{mm}$$

试样原始宽度测量不确定度分量为

$$u(b) = \sqrt{0.0173^2 + 0.0102^2} = 0.0201\text{mm}$$

由于打点机标记的试样原始标距相对误差经政府计量部门检定为 $\pm 0.5\%$,半宽为 0.5%,试样原始标距 L_0 的测量标准不确定度分量为

$$u(L_0) = \frac{0.5\%}{\sqrt{3}}L_0 = 0.0029 \times 50 = 0.145$$

同理,试样断后标距 L_u 的测量标准不确定度分量为

$$u(L_u) = \sqrt{u_1^2(L_u) + u_2^2(L_u)} = \sqrt{0.0173^2 + 0.0460^2} = 0.049\text{mm}$$

根据式(2-2-6),自由度皆为50。

（2）试验力值测量误差引入的不确定度 $u(F_X)$

1）试验机示值误差引入的不确定度 $u_1(F_X)$

由于所用试验机经政府计量部门检定为0.5级试验机,引入的相对标准不确定度为

$$u_{1\text{rel}}(F_X) = \frac{0.5\%}{\sqrt{3}} = 0.0029$$

$$u_1(F_X) = F_X \times u_{1\text{rel}}(F_X) = 0.0029 \times F_X$$

由式(2-2-6),自由度 $\nu = 50$。

2）标准测力仪校准试验机引入的不确定度 $u_2(F_X)$

已知校准本试验机用的标准测力仪为0.1级,所以标准测力仪校准试验机引入的 B 类相对不确定度为

$$u_{2\text{rel}}(F_X) = \frac{0.1\%}{2} = 0.0005$$

则

$$u_2(F_X) = 0.0005 \times F_X$$

自由度 $\nu = 50$。

3）试验机力值分辨力引入的不确定度 $u_3(F_X)$

力值示值为计算机采集数据时,不存在读取力值数值时表盘分度或记录纸分格的问题,由此引入的不确定度为零。但存在试验机力值分辨力引入的不确定度,本试验机力值分辨力 $\delta_x = 0.1\text{N}$,于是由试验机力值分辨力引起的不确定度为

$$u_3(F_X) = 0.29\delta_x = 0.29 \times 0.1 = 0.029\text{N}$$

4）引伸计引入的不确定度 $u_4(F_X)$

本实例检测的4个参数试验中不需要使用引伸计,由此引入的测量不确定度为零,即 $u_4(F_X) = 0$。

5）试验力值测量误差引入的标准不确定度 $u(F_X)$

由合成标准不确定度公式,试验力值测量误差引入的标准不确定度可合成为

$$u(F_X) = \sqrt{u_1^2(F_X) + u_2^2(F_X) + u_3^2(F_X) + u_4^2(F_X)}$$
$$= \sqrt{(0.0029F_X)^2 + (0.0005F_X)^2 + 0.029^2}$$
$$= \sqrt{8.66 \times F_X^2 \times 10^{-6} + 841 \times 10^{-6}}$$

将本实例的相关数据代入上式可分别求得

$$u(F_{eL}) = \sqrt{8.66 \times 6740^2 \times 10^{-6} + 841 \times 10^{-6}} = 19.8344\text{N}$$

$$u(F_{eH}) = \sqrt{8.66 \times 7020^2 \times 10^{-6} + 841 \times 10^{-6}} = 20.7467\text{N}$$

$$u(F_m) = \sqrt{8.66 \times 13470^2 \times 10^{-6} + 841 \times 10^{-6}} = 39.6394\text{N}$$

（3）试验速率的偏差引入的不确定度分量 $u(x_v)$

表2-2-3列出了试验速率的偏差引入的不确定度,由此可得到本实例的低强度钢给

定试验速率下试验机间接控制的试验速率的偏差引入的性能参数测量不确定度估算数据 $u_{rel}(x_V)$。

表 2 − 2 − 3　试验速率的偏差引入的性能参数测量相对标准不确定度估算数据 $u_{rel}(x_V)$（%）

试验速率	低强度钢	中强度钢	高强度钢
屈服前应力速率（40MPa/s ±10MPa/s）测 $R_{p0.2}$ 或 R_t	0.31	0.22	0.10
屈服前应力速率（40MPa/s ±10MPa/s）测 R_{eH}	1.55	1.10	—
屈服阶段应变速率（0.0015/s ±0.0010/s）测 R_{eL}	0.36	0.28	—
屈服后夹头分离速率（0.40L_c/min ±0.08L_c/min）测 R_m	0.15	0.10	0.05
屈服后夹头分离速率（0.40L_c/min ±0.08L_c/min）测 A	1.2	0.80	0.18

由表 2 − 2 − 3 可知，屈服前应力速率(40 ±10)MPa/s 测 R_{eH} 引入的 $u_{rel}(R_{eH,v})$ 为 0.01，屈服阶段应变速率(0.0015 ±0.0010)s^{-1} 测 R_{eL} 引入的 u_{rel} 为 0.0036，则

$$u(R_{eH,v}) = u_{rel}(R_{eH,v}) \times R_{eH} = 0.0155 \times 214.72 = 3.328 \text{N/mm}^2$$
$$u(R_{eL,v}) = u_{rel}(R_{eL,v}) \times R_{eL} = 0.0036 \times 205.28 = 0.739 \text{N/mm}^2$$

本实例检测的是低强度钢材，试验速率对抗拉强度和断后伸长率有一定影响，因此还应进行计算。由试验可知，屈服后夹头分离速率(0.40L_c/min ±0.08L_c/min)（本试验速率为 0.45L_c/min）测 R_m、A_{80mm} 时的 $u_{rel}(R_{m,v})$、$u_{rel}(A_{80mm,v})$ 分别为 0.0015 和 0.012，结合试验计算结果可分别求出

$$u(R_{m,v}) = u_{rel}(R_{m,v}) \times R_m = 0.0155 \times 410.26 = 0.6154 \text{N/mm}^2$$
$$u(A_{80mm,v}) = u_{rel}(A_{80mm,v}) \times A_{80mm} = 0.012 \times 20.14\% = 0.242\%$$

（4）拉伸性能测量结果数值修约引入的标准不确定度 $u(x_{rou})$

对于金属材料拉伸性能试验结果的数值修约引入的不确定度，按照《指南》给出的 B 类不确定度的评定公式，如果修约间隔为 δ，则修约间隔引入的不确定度分量为 $u(x) = 0.29\delta$。故

$$u(R_{eL}) = u(R_{eH,rou}) = u(R_{m,rou}) = 0.29 \times 1 = 0.29 \text{N/mm}^2$$
$$u(A_{rou}) = 0.5 \times 0.29 = 0.14\%$$

自由度皆为∞。

5. 计算合成标准不确定度

表 2 − 2 − 4 列出评定并计算合成不确定度所需要的标准不确定度分量。

表 2 − 2 − 4　标准不确定度分量汇总

不确定分量	不确定度来源	标准不确定度
$u(a)$/mm	测量试样原始厚度 量具示值误差 测量重复性	$u(a) = 0.0105$ $u_1(a) = 0.0023$ $u_2(a) = 0.0102$
$u(b)$/mm	测量试样原始宽度 量具示值误差 测量重复性	$u(b) = 0.0201$ $u_1(b) = 0.0173$ $u_2(b) = 0.0102$

表 2 – 2 – 4（续）

不确定分量	不确定度来源	标准不确定度
$u(L_0)$ mm	打点机标记的试样原始标距	$u(L_0)=0.145$
$u(L_u)/\text{mm}$	试样断后标距的测量	$u(L_u)=0.04$ $u_1(L_u)=0.0173$ $u_2(L_u)=0.0460$
$u(F_{eL})/\text{N}$	下屈服试验力值的测定	$u(F_{eL})=19.8344$
$u(F_{eH})/\text{N}$	上屈服试验力值的测定	$u(F_{eH})=20.7461$
$u(F_m)/\text{N}$	最大试验力的测定	$u(F_m)=39.6394$
$u(R_{eH,v})/(\text{N/mm})^2$	应力速率（40MPa/s±10MPa/s）测 R_{eH}	$u(R_{eH,v})=3.328$
$u(R_{eL,v})/(\text{N/mm})^2$	应变速率（0.0015s^{-1}±0.0010s^{-1}）测 R_{eL}	$u(R_{eL,v})=0.739$
$u(R_{m,v})/(\text{N/mm})^2$	夹头分离速率（0.40L_c/min±0.08L_c/min）测 R_m	$u(R_{m,v})=0.6154$
$u(A_v)/\%$	夹头分离速率（0.40L_c/min±0.08L_c/min）测 A	$u(A_v)=0.242$
$u(R_{eL,rou})/(\text{N/mm})^2$	R_{eL} 的修约	$u(R_{eL,rou})=0.29$
$u(R_{eH,rou})/(\text{N/mm})^2$	R_{eH} 的修约	$u(R_{eH,rou})=0.29$
$u(R_{m,rou})/(\text{N/mm})^2$	R_m 的修约	$u(R_{m,rou})=0.29$
$u(A_{rou})/\%$	A 的修约	$u(A_{rou})=0.145$

因试样原始厚度和宽度、试样标距、试验力的测量引入的不确定度以及试验速率、数值修约（最终结果经数值修约而得到，对最终结果而言，修约也相当于输入）引入的不确定度之间彼此独立且不相关。因此，可用方和根公式进行合成，即

$$u_c^2(y)=\sum_{i=1}^N\left[\frac{\partial f}{\partial x_i}\right]^2 u^2(x_i)=\sum_{i=1}^N c_i^2\cdot u^2(x_i)=\sum_{i=1}^N u_i^2(y)$$

所以有

$$u_c(R_{eL})=\sqrt{c_{F_{eL}}^2 u^2(F_{eL})+c_{a,eL}^2 u^2(a)+c_{b,eL}^2 u^2(b)+u^2(R_{eL,v})+u^2(R_{eL,rou})}$$
$$(2-2-7)$$

同理有

$$u_c(R_{eH})=\sqrt{c_{F_{eH}}^2 u^2(F_{eH})+c_{a,eH}^2 u^2(a)+c_{b,eH}^2 u^2(b)+u^2(R_{eH,v})+u^2(R_{eH,rou})}$$
$$(2-2-8)$$

$$u_c(R_m)=\sqrt{c_{F_m}^2 u^2(F_m)+c_{a,m}^2 u^2(a)+c_{b,m}^2 u^2(b)+u^2(R_{m,v})+u^2(R_{m,rou})}\quad(2-2-9)$$

$$u_c(A_{80mm})=\sqrt{c_{L_u}^2 u^2(L_u)+c_{L_0}^2 u^2(L_0)+u^2(A_v)+u^2(A_{rou})}\quad(2-2-10)$$

由测量模型式（2 – 2 – 1）、式（2 – 2 – 2）、式（2 – 2 – 3）和式（2 – 2 – 4），可得到合成标准不确定度时需要的相应的不确定度灵敏系数，它们分别是

$$c_{F_{eL}}=\frac{\partial R_{eL}}{\partial F_{eL}}=\frac{1}{ab},\quad c_{a,eL}=\frac{\partial R_{eL}}{\partial a}=\frac{F_{eL}}{a^2 b},\quad c_{b,eL}=\frac{\partial R_{eL}}{\partial b}=\frac{F_{eL}}{ab^2}$$

$$c_{F_{eH}}=\frac{\partial R_{eH}}{\partial F_{eH}}=\frac{1}{ab},\quad c_{a,eH}=\frac{\partial R_{eH}}{\partial a}=\frac{F_{eH}}{a^2 b},\quad c_{b,eH}=\frac{\partial R_{eH}}{\partial b}=\frac{F_{eH}}{ab^2}$$

$$c_{F_m} = \frac{\partial R_m}{\partial F_m} = \frac{1}{ab}, \quad c_{a,m} = \frac{\partial R_m}{\partial a} = \frac{F_m}{a^b}, \quad c_{b,m} = \frac{\partial R_m}{\partial b} = \frac{F_m}{ab^2}$$

$$c_{L_u} = \frac{\partial A}{\partial L_u} = \frac{1}{L_0}, \quad c_{L_0} = \frac{\partial A}{\partial L_0} = -\frac{L_u}{L_0^2}$$

将相应的各数据代入以上不确定度灵敏系数公式可得

$$c_{F_{eL}} = c_{F_{eH}} = c_{F_m} = \frac{1}{ab} = \frac{1}{1.64 \times 20.02} = 0.0305$$

$$c_{a,eL} = -\frac{F_{eL}}{a^2 b} = -\frac{6740}{1.64^2 \times 20.02} = -125.17$$

$$c_{b,eL} = -\frac{F_{eL}}{ab^2} = -\frac{6740}{1.64 \times 20.02^2} = -10.25$$

$$c_{a,eH} = -\frac{F_{eH}}{a^2 b} = -\frac{7050}{1.64^2 \times 20.02} = -130.93$$

$$c_{b,eH} = -\frac{F_{eH}}{ab^2} = -\frac{7050}{1.64 \times 20.02^2} = -10.73$$

$$c_{a,m} = -\frac{F_m}{a^2 b} = -\frac{13470}{1.64^2 \times 20.02} = -250.16$$

$$c_{b,m} = -\frac{F_m}{ab^2} = -\frac{13470}{1.64 \times 20.02^2} = -20.49$$

$$c_{L_u} = \frac{1}{L_0} = \frac{1}{80} = 0.0125$$

$$c_{L_u} = \frac{L_u}{L_0^2} = -\frac{96.11}{80^2} = -0.015$$

将不确定度灵敏系数数值以及相应的各数据代入式(2-2-7)~式(2-2-10)可得

$$u_c(R_{eL}) = \sqrt{0.0305^2 \times 19.8344^2 + (-127.17)^2 \times 0.0105^2 + (-10.25)^2 \times 0.0201^2 + 0.739^2 + 0.29^2}$$
$$= \sqrt{2.8216} = 1.6797$$

$$u_c(R_{eH}) = \sqrt{0.0305^2 \times 20.7467^2 + (-130.93)^2 \times 0.0105^2 + (-10.73)^2 \times 0.0201^2 + 3.328^2 + 1.45^2}$$
$$= \sqrt{15.514981} = 3.9389$$

$$u_c(R_m) = \sqrt{0.0305^2 \times 39.6394^2 + (-250.16)^2 \times 0.0105^2 + (-20.49)^2 \times 0.0201^2 + 0.6154^2 + 1.45^2}$$
$$= \sqrt{11.01196969} = 3.3184$$

$$u_c(A_{80mm}) = \sqrt{0.0125^2 \times 0.049^2 + (-0.015)^2 \times 0.145^2 + 0.00242^2 + 0.00145^2}$$
$$= \sqrt{0.00001306} = 0.003615$$

6. 扩展不确定度的评定

同理,扩展不确定度是由合成不确定度乘包含因子 k 来得到。通常推荐 k 取 2,即 $k = 2$ 区间的包含概率约为 95%(95.45%)。对于本实例有

$$U(R_{eL}) = ku_c(R_{eL}) = 2 \times 1.6797 = 3.3594 = 3 \text{N/mm}^2$$

$$U(R_{eH}) = ku_c(R_{eH}) = 2 \times 3.9389 = 7.8778 = 8 \text{N/mm}^2$$

$$U(R_m) = ku_c(R_m) = 2 \times 3.3184 = 6.6368 = 7 \text{N/mm}^2$$

$$U(A_{80mm}) = ku_c(A_{80mm}) = 2 \times 0.003615 = 0.00723 = 0.007 = 0.7\%$$

写为相对形式分别是

$$U_{rel}(R_{eL}) = \frac{U(R_{eL})}{R_{eL}} = \frac{3}{205} = 1.46\% = 1\%$$

$$U_{rel}(R_{eH}) = \frac{U(R_{eH})}{R_{eH}} = \frac{8}{215} = 3.72\% = 4\%$$

$$U_{rel}(R_m) = \frac{U(R_m)}{R_m} = \frac{7}{410} = 1.71\% = 2\%$$

$$U_{rel}(A_{80mm}) = \frac{U(A_{80mm})}{A_{80mm}} = \frac{0.7\%}{20.0\%} = 3.5\%$$

7. 测量不确定度的报告

按照 GB/T 228.1—2010,测量结果应按标准规定进行修约,并采用扩展不确定度 $U(k=2)$ 的报告形式有

$$R_{eL} = 205 N/mm^2, \quad U = 3 N/mm^2 (k=2)$$
$$R_{eH} = 215 N/mm^2, \quad U = 8 N/mm^2 (k=2)$$
$$R_m = 410 N/mm^2, \quad U = 7 N/mm^2 (k=2)$$
$$A_{80mm} = 20.0\%, \quad U = 0.7\% (k=2)$$

其意义与前面的实例相同,在此不再重复。如果以相对扩展不确定度形式来报告,则有

$$R_{eL} = 205 N/mm^2, \quad U_{rel}(R_{eL}) = 1\% (k=2)$$
$$R_{eH} = 215 N/mm^2, \quad U_{rel}(R_{eH}) = 4\% (k=2)$$
$$R_m = 410 N/mm^2, \quad U_{rel}(R_m) = 2\% (k=2)$$
$$A_{80mm} = 20.0\%, \quad U_{rel}(A_{80mm}) = 3.5\% (k=2)$$

三、热轧带肋钢筋拉伸性能试验检测结果测量不确定度评定

1. 概述

(1)测量方法

依据 GB/T 228.1—2010《金属材料　拉伸试验　第 1 部分:室温试验方法》。

(2)评定依据

JJF 1059.1—2012《测量不确定度评定与表示》。

(3)环境条件

根据 GB/T 228.1—2010,试验一般在 10℃~35℃室温进行。本试验温度为 20℃±2℃,相对湿度<80%。

(4)测量标准

WE600 型万能材料试验机,检定证书给出为 1 级试验机(载荷示值相对最大允许误差为±1%)。

(5)被测对象

热轧带肋钢筋 HRB335,公称直径 φ20mm,检测下屈服强度 R_{eL}、抗拉强度 R_m 和断后伸长率 A。

（6）测量过程

根据 GB/T 228.1—2010，在规定环境条件下（包括万能材料试验机处于受控状态），选用试验机的 300kN 量程，在标准规定的加载速率下，对试样施加轴向拉力，测试其试样的下屈服力和最大力，用计量合格的划线机和游标卡尺分别给出原始标距并测量出断后标距，通过计算得到 R_{eL}、抗拉强度 R_m 和断后伸长率 A。

2. 建立测量模型

下屈服强度为

$$R_{eL} = \frac{F_{eL}}{S_0} = \frac{4F_{eL}}{\pi d^2} \qquad (2-3-1)$$

抗拉强度为

$$R_m = \frac{F_m}{S_0} = \frac{4F_m}{\pi d^2} \qquad (2-3-2)$$

断后伸长率为

$$A = \frac{\overline{L}_u - L_0}{L_0} \times 100\% \qquad (2-3-3)$$

式中：F_{eL}——下屈服力，N；

　　　F_m——最大力，N；

　　　S_0——试样平行长度的原始横截面积，mm^2；

　　　d——试样平行长度的直径，mm；

　　　L_0——试样原始标距，mm；

　　　$\overline{L}_u$——试样断后标距的均值，mm；

　　　A——断后伸长率，%。

3. 测量不确定度来源的分析

对于钢筋的拉伸试验，根据其特点经分析，测量结果不确定度的主要来源是：钢筋直径允许偏差引入的不确定度分量 $u(d)$；试验力值测量引入的不确定度分量 $u(F_{eL})$ 和 $u(F_m)$；试样原始标距和断后标距长度测量引入的不确定度分量 $u(L_0)$ 和 $u(L_u)$。各分量中包括了检测人员测量重复性引入的不确定度和测量设备或量具误差引入的不确定度。有的分量还包括钢筋材质不均匀性引入的不确定度，这在以后加以分析。另外，试验方法标准按 GB/T 228.1—2010 的规定，不管是强度指标，还是塑性指标，其结果都应按标准的规定进行数值修约，以及数值修约引入的不确定度分量 $u(R_{eL,rou})$、$u(R_{m,rou})$ 和 $u(A_{rou})$。

4. 标准不确定度分量的评定

（1）钢筋直径允许偏差引入的不确定度分量 $u(d)$

在钢筋的拉伸试验中，钢筋的直径是采用公称直径 d，对于满足 GB 1499.2—2007《钢筋混凝土用钢　第 2 部分：热轧带肋钢筋》的钢筋，不同的公称直径允许有不同的偏差，对于本实例 $\phi 20mm$ 的钢筋，标准规定这个允许偏差为 $\pm 0.5mm$，即误差范围为（ $-0.5mm$，$+0.5mm$），其出现在此区间的概率是均匀的，所以服从均匀分布，它引入的标准不确定度可用 B 类方法评定，即

$$u(d) = \frac{a}{k} = \frac{0.5}{\sqrt{3}} = 0.289mm$$

钢筋产品在满足 GB/T 1499.2—2007 的前提下,其直径允许偏差为 ±0.5mm,由此决定的标准不确定度分量 $u(d)$ 十分可靠,一般认为其自由度 ν 为无穷大。

(2)试验力值测量引入的不确定度分量 $u(F_{eL})$ 和 $u(F_m)$

1)检测人员重复性及钢筋材质不均匀性引入的不确定度 $u(F_{eL1})$ 和 $u(F_{m1})$

这可由不同人员对多根试样的试验力值多次重复读数的结果,用统计方法进行标准不确定度的 A 类评定。本实例对在同一根钢筋上均匀地截取 10 根钢筋试样进行拉伸试验,得到表 2-3-1 和表 2-3-2 所示的试验力值数据。表 2-3-1 和表 2-3-2 中的标准差 s_j 应用贝塞尔公式求得。再应用

表 2-3-1　下屈服力读数数据　　　　　　　　　　　单位:kN

组数 j		1	2	3	4	5	6	7	8	9	10
检测人员 i	第 1 人	121	120	122	119	121	121	118	120	122	117
	第 2 人	122	121	121	118	121	122	117	120	122	118
	第 3 人	121	120	122	118	121	121	118	120	121	117
标准差 s_j		0.577	0.577	0.577	0.577	0	0.577	0.577	0	0.577	0.577
下屈服力总平均值 $\overline{F}_{eL}$		120.07									

注:对于每根钢筋的拉伸试验,在试验过程中,由身高有差别的 3 位检测人员同时对下屈服力进行观测,这样 10 根试样就获得了本表的 30 个数据。

表 2-3-2　最大力示值读数数据　　　　　　　　　　　单位:kN

组数 j			1	2	3	4	5	6	7	8	9	10
检测人员 i	第 1 人	第 1 次	177	179	176	177	175	178	176	175	179	180
		第 2 次	177	179	176	178	175	177	175	175	179	180
	第 2 人	第 1 次	178	180	176	178	176	178	175	176	180	181
		第 2 次	177	179	175	177	176	178	175	176	180	181
	第 3 人	第 1 次	177	180	175	178	175	178	175	176	180	181
		第 2 次	178	180	175	178	176	178	176	175	180	180
标准差 s_j			0.516	0.548	0.548	0.516	0.516	0.108	0.516	0.548	0.516	0.548
最大力总平均值 $\overline{F}_m$			177.45									

注:对于每根试样,由 3 位检测人员分别从停留在最大力处的被动指针位置重复两次读取 F_m 值,共得 6 个 F_m 值($n=6$)。

$$s_p = \sqrt{\frac{1}{m}\sum_{j=1}^{m}s_j^2} = \sqrt{\frac{1}{m(n-1)}\sum_{j=1}^{m}\sum_{i=1}^{n}(x_{ij}-\overline{x_j})^2}$$

求得高可靠度的合并样本标准差。

对于下屈服力 F_{eL} 有

$$s_{p,F_{eL}} = \sqrt{\frac{1}{m}\sum_{j=1}^{m}s_j^2} = \sqrt{\frac{1}{10}\times 2.663432} = 0.516\text{kN}$$

合并样本标准差 s_p 是否可以应用,应经过判定。为此,首先求出标准差数列 s_j 的标准差

$$\hat{\sigma}(s) = \sqrt{\frac{\sum_{j=1}^{m} (s_j - \bar{s})^2}{m - 1}}$$

对于 F_{eL} 经统计计算,有 $\hat{\sigma}_{F_{\text{eL}}}(s) = 0.243\text{kN}$。

根据

$$\hat{\sigma}_{\text{估}}(s) = \frac{s_p}{\sqrt{2(n-1)}} \qquad\qquad (2-3-4)$$

可得

$$\hat{\sigma}_{\text{估},F_{\text{eL}}}(s) = \frac{s_{p,F_{\text{eL}}}}{\sqrt{2(n-1)}} = \frac{0.516}{\sqrt{2(3-1)}} = 0.258\text{kN}$$

所以

$$\hat{\sigma}_{F_{\text{eL}}}(s) < \hat{\sigma}_{\text{估},F_{\text{eL}}}(s)$$

这表明测量状态稳定,包括被测量也较稳定,即 m 组测量列的各个标准差相差不大,高可靠度的合并样本标准差 $s_{p,F_{\text{eL}}}$ 可以应用(否则只能采用 s_j 中的 $s_{\max}$)。在实际测定中,是以单次测量值($k=1$)作为测量结果,欲求的标准不确定度分量为

$$u(F_{\text{eL},1}) = \frac{s_{p,F_{\text{eL}}}}{\sqrt{k}} = \frac{0.516}{\sqrt{1}} = 0.516\text{kN}$$

自由度为

$$\nu = m(n-1) = 10(3-1) = 20$$

对于最大试验力 F_{m} 有

$$s_{p,F_{\text{m}}} = \sqrt{\frac{1}{m}\sum_{j=1}^{m} s_j^2} = \sqrt{\frac{1}{10} \times 22.69896} = 0.520\text{kN}$$

标准差数列 s_j 的标准差为

$$\hat{\sigma}_{F_{\text{m}}}(s) = 0.0418\text{kN}$$

而

$$\hat{\sigma}_{\text{估},F_{\text{m}}}(s) = \frac{s_{p,F_{\text{m}}}}{\sqrt{2(n-1)}} = \frac{0.520}{\sqrt{2(6-1)}} = 0.164\text{kN}$$

因为

$$\hat{\sigma}_{F_{\text{m}}}(s) < \hat{\sigma}_{\text{估}F_{\text{m}}}(s)$$

所以测量状态稳定,包括被测量也较稳定,高可靠度的合并样本标准差 $s_{p,F_{\text{m}}}$ 可以应用。因在实际测量中是以单次测量值($k=1$)作为测量结果,所以不确定度分量为

$$u(F_{\text{m1}}) = \frac{s_{p,F_{\text{m}}}}{\sqrt{k}} = \frac{0.520}{\sqrt{1}} = 0.520\text{kN}$$

自由度 $\nu = m(n-1) = 10(6-1) = 50$。

2)试验机示值误差引起的标准不确定度分量 $u(F_{\text{eL2}})$ 和 $u(F_{\text{m2}})$

所使用的 600kN 液压万能试验机,经检定为 1 级,其示值误差为 ±1.0%,示值误差出现在区间 [-1.0% ~ +1.0%] 的概率是均匀的,可用 B 类评定,即

$$u_{rel}(F_{eL2}) = u_{rel}(F_{m2}) = \frac{a}{k} = \frac{1\%}{\sqrt{3}} = 0.577\%$$

其自由度计算可得

$$\nu = \frac{1}{2}\left[\frac{\Delta u(x)}{u(x)}\right]^{-2} = \frac{1}{2}[0.10]^{-2} = 50$$

由表 2 - 3 - 1 得 F_{eL} 总平均值 $\overline{F}_{eL} = 120.07\text{kN}$，表 2 - 3 - 2 得 $\overline{F}_m = 177.45\text{kN}$。

此因素引入的绝对不确定度为

$$u(F_{eL2}) = \overline{F}_{eL} \times u_{rel}(F_{eL2}) = 120.07 \times 0.577\% = 0.6928\text{kN} = 692.8\text{N}$$

$$u(F_{m2}) = \overline{F}_m \times u_{rel}(F_{m2}) = 177.45 \times 0.577\% = 1.0238865\text{kN} = 1023.8865\text{N}$$

3）标准测力仪引入的标准不确定度 $u_{rel}(F_{eL3})$ 和 $u_{rel}(F_{m3})$

试验机是借助于 0.3 级标准测力仪进行校准的，该校准源的不确定度为 0.3%，置信因子为 2，由此引入的 B 类相对标准不确定度为

$$u_{rel}(F_{eL3}) = u_{rel}(F_{m3}) = \frac{0.3\%}{2} = 0.15\%, \nu = 50$$

此因素所引入的绝对不确定度为

$$u(F_{eL3}) = 120.07 \times 0.15\% = 0.180105\text{kN} = 180.105\text{N}$$

$$u(F_{m3}) = 177.45 \times 0.15\% = 0.266175\text{kN} = 266.175\text{N}$$

4）读数分辨力引入的标准不确定度分量 $u_{rel}(F_{eL4})$ 和 $u_{rel}(F_{m4})$

本试验选用的度盘量程为 300kN，最小读数，即分辨力 $\delta_x = 1\text{kN}$，所以引入的标准不确定度分量为

$$u(F_{eL4}) = u(F_{m4}) = 0.29\delta_x = 0.29 \times 1 = 0.29\text{kN}$$

自由度为 ∞。

由于检测人员重复性、钢筋材质不均匀、试验机示值误差、标准测力仪校准源、读数分辨力引入的不确定度分量间独立且不相关，合成得到的试验力值测量引入的绝对标准不确定度总分量，对下屈服力有

$$u(F_{eL}) = \sqrt{u^2(F_{eL1}) + u^2(F_{eL2}) + u^2(F_{eL3}) + u^2(F_{eL4})}$$
$$= \sqrt{516^2 + 692.8^2 + 180.105^2 + 290^2} = 928.85\text{N}$$

对最大力有

$$u(F_m) = \sqrt{u^2(F_{m1}) + u^2(F_{m2}) + u^2(F_{m3}) + u^2(F_{m4})}$$
$$= \sqrt{520^2 + 1023.8865^2 + 266.175^2 + 290^2} = 1213.96\text{N}$$

由韦尔奇 - 萨特斯韦特（Welch - Satterthwaite）公式可求得 $u(F_{eL})$ 和 $u(F_m)$ 的自由度分别为 $\nu_{F_{eL}} = 91$ 和 $\nu_{F_m} = 92$。

（3）试样原始标距和拉断后标距长度测量引入的标准不确定度分量 $u(L_0)$ 和 $u(L_u)$

1）试样原始标距测量引入的标准不确定度分量 $u(L_0)$

试样原始标距 $L_0 = 100\text{mm}$ 用 10mm ~ 250mm 的打点机一次性作出标记，打点机经政府计量部门检定合格，极限相对误差为 ± 0.5%，且服从均匀分布，因此所给出的相对不确定度为

$$u_{rel}(L_0) = \frac{0.5\%}{\sqrt{3}} = 0.289\%$$

则有

$$u(L_0) = |L_0| u_{\text{rel}}(L_0) = 100 \times \frac{0.289}{100} = 0.289 \, \text{mm}$$

自由度为 $\nu = 50$。

2）断后标距长度测量引入的标准不确定度分量 $u(L_{u1})$

断后标距 L_u 的测量数据见表 2-3-3，每根试样的 L_u 长度分别由两位检测人员根据标准规定测试 3 个数据，每根试样都得到了如表 2-3-3 所列的 6 个数据，因此，从数据而言，一根试样就具有一组数据，共 10 组数据。每组数据的标准差由贝塞尔公式求出，进而由式（2-3-4）求得合并样本标准差为 s_p 为

$$s_{p,L_u} = \sqrt{\frac{1}{m} \sum_{j=1}^{m} s_j^2} = \sqrt{\frac{1}{10} \times 0.02552305} = 0.0505 \, \text{mm}$$

表 2-3-3　断后标距的测量数据　　　　　　　　单位：mm

		组数 j	1	2	3	4	5	6	7	8	9	10
检测人员 i	第1人	第1次	120.66	121.32	121.62	122.38	120.16	119.86	123.36	121.08	122.12	120.56
		第2次	120.60	121.12	121.58	122.42	120.18	119.80	123.32	121.10	122.20	120.50
		第3次	120.56	121.22	121.56	122.38	120.20	119.88	123.38	121.16	122.16	120.52
	第2人	第1次	120.44	121.12	121.68	122.40	120.22	119.90	123.40	121.12	122.20	120.54
		第2次	120.52	121.08	121.70	122.44	120.26	119.82	123.42	121.16	122.24	120.50
		第3次	120.54	121.10	121.70	122.42	120.24	119.86	123.38	121.14	122.18	120.52
	平均值		120.55	121.16	121.64	122.41	120.21	119.84	123.38	121.13	122.18	120.52
标准差 s_j			0.0745	0.0921	0.0620	0.0242	0.0374	0.0345	0.0345	0.0327	0.0408	0.0234
L_u 的数学期望			121.30									

注：表中每个 L_u 值都是根据 GB/T 228.1—2010 中 11.1 的规定对 L_u 进行测量而得到，但需指出，表中每个 L_u 值测量前都应重新将试样断裂部分仔细地配接在一起，使其轴线处于同一直线上，然后再用计量合格的游标卡尺进行测量，得到 L_u 值，经统计，L_u 的数学期望 $\overline{L}_u = 121.30 \, \text{mm}$。

经统计，标准差数列的标准差为

$$\hat{\sigma}_{L_u}(s) = 0.0229$$

而

$$\hat{\sigma}_{\text{估},L_u}(s) = \frac{s_{p,L_u}}{\sqrt{2(n-1)}} = \frac{0.0505}{\sqrt{2(6-1)}} = 0.0160 \, \text{mm}$$

可见 $\hat{\sigma}_{L_u}(s) > \hat{\sigma}_{\text{估},L_u}(s)$，所以经判定测量状态不稳定，不可采用同一个 s_{p,L_u} 来评定测量 L_u 的不确定度，这是因为对于它的测量，根据 GB/T 228.1—2010 的规定，每次测量前需要重新将试样断裂处仔细配接，因为不同的人员，甚至同一人员每次配接的紧密程度、符合程度、两段试样的同轴度等很难掌握得每次完全一样，所以导致了 L_u 的测试不太稳定。从表 2-3-3 中各组数据的标准差可看出，各组之间的标准差差异较大，对于如表 2-3-1 和表 2-3-2 的试验

力测量就不存在此类问题,一般各组数据的标准差之间差异就较小,说明测量状态稳定,经判定,可用高可靠度的合并样本标准差来评定测量不确定度。而对于 L_u 的测试,就只能用 s_j 中的 s_{max} 来进行评定,从表 2-3-3 中知,第 2 组数据(即第 2 根试样)的标准差为最大值 $s_{max}=0.0921\text{mm}$,由于在实际测试中以单次测量值($k=1$)作为测量结果,所以

$$u(L_{u1}) = \frac{s_{max}}{\sqrt{k}} = 0.0921\text{mm}$$

自由度为

$$\nu = n - 1 = 6 - 1 = 5$$

3)测量断后标距离 L_u 所用量具的误差引入的标准不确定度分量 $u(L_{u2})$

试样断后标距 L_u 是用($0\sim150$)mm 的游标卡尺测量的,经计量合格,证书给出的极限误差为 $\pm0.02\text{mm}$,也服从均匀分布,其标准不确定度分量为

$$u(L_{u2}) = \frac{a}{\sqrt{3}} = \frac{0.02}{\sqrt{3}} = 0.01155\text{mm}$$

自由度 $\nu = 50$。

由于两分量独立无关,断后标距测量引入的标准不确定度分量为

$$u(L_u) = \sqrt{u^2(L_{u1}) + u^2(L_{u2})} = \sqrt{0.0921^2 + 0.01155^2} = 0.09282\text{mm}$$

自由度为

$$\nu_{L_u} = 5$$

(4)数值修约引起的标准不确定度分量 $u(R_{rou})$ 和 $u(A_{rou})$ 的评定

GB/T 228.1—2010 中第 22 章规定,试样测定的性能结果数值应按照相关产品标准的要求进行修约。如未规定具体要求,应按照如下要求进行修约:强度性能修约到 1MPa;屈服点延伸率修约到 0.1%,其他延伸率和断后延伸率修约到 0.5%;断面收缩率修约到 1%。在日常工作中,许多情况下未规定具体要求,因此,应按照标准要求进行修约,这必定引入了不确定度,可用 B 类方法来评定。对于金属材料拉伸性能试验结果的数值修约引入的不确定度,按照 B 类不确定度的评定公式,修约间隔为 δ,则 $u(x) = 0.29\delta$。

对于本实例强度的数学期望为

$$\overline{R}_{eL} = \frac{\overline{F}_{eL}}{\overline{S}_0} = \frac{\overline{F}_{eL}}{\frac{\pi}{4}\overline{d}^2} = \frac{120.07\text{kN}}{\frac{1}{4}\pi \times (20\text{mm})^2} = 382.145 = 382\text{N/mm}^2$$

$$\overline{R}_m = \frac{\overline{F}_m}{\overline{S}_0} = \frac{\overline{F}_m}{\frac{\pi}{4}\overline{d}^2} = \frac{4 \times 177.45\text{kN}}{\pi \times (20\text{mm})^2} = 564.768 = 565\text{N/mm}^2$$

断后伸长率的数学期望为

$$\overline{A} = \frac{\overline{L}_u - L_0}{L_0} = \frac{121.30 - 100.00}{100.00} = 21.30\% = 21.5\%$$

可见,本实例强度的修约间隔为 1N/mm²,伸长率的修约间隔为 0.5%,由 $u(x) = 0.29\delta$ 可得

$$u(R_{eL,rou}) = 0.29 \times 1 = 0.29\text{N/mm}^2$$

$$u(R_{m,rou}) = 0.29 \times 1 = 0.29\text{N/mm}^2$$

$$u(A_{\text{rou}}) = 0.29 \times 0.5\% = 0.14\%$$

自由度皆为 ∞。

5. 合成标准不确定度的计算

因钢筋试样直径允许偏差、试验力、原始标距和拉断后标距的测量引入的不确定度以及数值修约(最终结果经数值修约而得到,所以对最终结果而言,修约也相当于输入)引入的不确定度之间彼此独立不相关。合成标准不确定度计算的为

$$u_c^2(y) = \sum_{i=1}^{N}\left[\frac{\partial f}{\partial x_i}\right]^2 u^2(x_i) = \sum_{i=1}^{N} c_i^2 \cdot u^2(x_i) = \sum_{i=1}^{N} u_i^2(y)$$

$$u_c^2(R_{\text{eL}}) = u_1^2(R_{\text{eL}}) + u_2^2(R_{\text{eL}}) + u_3^2(R_{\text{eL}})$$

即

$$u_c^2(R_{\text{eL}}) = c_{F_{\text{eL}}}^2 u^2(F_{\text{eL}}) + u_{d,\text{eL}}^2 u^2(d) + u^2(R_{\text{eL,rou}})$$

$$u_c^2(R_{\text{m}}) = c_{F_{\text{m}}}^2 u^2(F_{\text{m}}) + c_{d,\text{m}}^2 u^2(d) + u^2(R_{\text{m,rou}})$$

$$u_c^2(A) = c_{L_{\text{u}}}^2 u^2(L_{\text{u}}) + c_{L_0}^2 u^2(L_0) + u^2(A_{\text{rou}})$$

由测量模型式(2-3-1)、式(2-3-2)、式(2-3-3)对各输入量求偏导数,可得相应的不确定度灵敏系数为

$$c_{F_{\text{eL}}} = \frac{\partial R_{\text{eL}}}{\partial F_{\text{eL}}} = \frac{4}{\pi d^2} \quad c_{d,\text{eL}} = \frac{\partial R_{\text{eL}}}{\partial \bar{d}} = -\frac{8 F_{\text{eL}}}{\pi d^3}$$

$$c_{F_{\text{m}}} = \frac{\partial R_{\text{m}}}{\partial F_{\text{m}}} = \frac{4}{\pi d^2} \quad c_{d,\text{m}} = \frac{\partial R_{\text{m}}}{\partial \bar{d}} = -\frac{8 F_{\text{m}}}{\pi d^3}$$

$$c_{L_{\text{u}}} = \frac{\partial A}{\partial \bar{L}_{\text{u}}} = \frac{1}{L_0} \quad c_{L_0} = \frac{\partial A}{\partial L_0} = -\frac{\bar{L}_{\text{u}}}{L_0^2}$$

将各数据代入上式得

$$c_{F_{\text{eL}}} = \frac{4}{\pi \times 20^2} = 0.00318\,\text{mm}^{-2},\ c_{d,\text{eL}} = -\frac{8 \times 120070}{\pi \times 20^3} = -38.22\,\text{N/mm}^3$$

$$c_{F_{\text{m}}} = \frac{4}{\pi \times 20^2} = 0.00318\,\text{mm}^{-2},\ c_{d,\text{m}} = -\frac{8 \times 177450}{\pi \times 20^3} = -56.48\,\text{N/mm}^3$$

$$c_{L_{\text{u}}} = \frac{1}{100} = 0.001\,\text{mm}^{-1},\ c_{L_0} = \frac{-121.30}{100^2} = -0.01213\,\text{mm}^{-1}$$

计算所需的标准不确定度分量汇总见表2-3-4。

表2-3-4 标准不确定度分量汇总

分量	不确定度来源	标准不确定度分量 $u(x_i)$ 值	自由度 ν
$u(d)$	钢筋公称直径的允许偏差	$u(d) = 0.289\,\text{mm}$	∞
$u(F_{\text{eL}})$	下屈服力的测量	$u(F_{\text{eL}}) = 928.85\,\text{N}$	91
	人员重复性及材质的不均匀性	$u(F_{\text{eL1}}) = 516\,\text{N}$	20
	实验机示值误差	$u(F_{\text{eL2}}) = 692.8\,\text{N}$	50
	标准测力仪的不确定度	$u(F_{\text{eL3}}) = 180.105\,\text{N}$	50
	试验机读数分辨力	$u(F_{\text{eL4}}) = 290\,\text{N}$	∞

表 2 – 3 – 4(续)

分量	不确定度来源	标准不确定度分量 $u(x_i)$ 值	自由度 ν
$u(F_\mathrm{m})$	最大试验力的测量	$u(F_\mathrm{m}) = 1213.96$	92
	人员重复性及材质的不均匀性	$u(F_\mathrm{m1}) = 520\mathrm{N}$	50
	实验机示值误差	$u(F_\mathrm{m2}) = 1023.8865\mathrm{N}$	50
	标准测力仪的不确定度	$u(F_\mathrm{m3}) = 266.175\mathrm{N}$	50
	试验机读数分辨力	$u(F_\mathrm{m4}) = 290\mathrm{N}$	∞
$u(L_0)$	打点机误差	$u(L_0) = 0.289\mathrm{mm}$	50
$u(L_\mathrm{u})$	断后标距长度测量	$u(L_\mathrm{u}) = 0.09282\mathrm{mm}$	5
	测量重复性	$u(L_\mathrm{u1}) = 0.0921\mathrm{mm}$	5
	量具误差	$u(L_\mathrm{u2}) = 0.01155\mathrm{mm}$	50
$u(R_\mathrm{eL,rou})$	数值修约(间隔为 $1\mathrm{N/mm^2}$)	$0.29\mathrm{N/mm^2}$	∞
$u(R_\mathrm{m,rou})$	数值修约(间隔为 $1\mathrm{N/mm^2}$)	$0.29\mathrm{N/mm^2}$	∞
$u(A_\mathrm{rou})$	数值修约(间隔为 0.5%)	0.14%	∞

将各不确定度分量和不确定度灵敏系数代入计算公式有

$$u_\mathrm{c}^2(R_\mathrm{eL}) = 0.00318^2(\mathrm{mm^{-2}})^2 \times (928.85\mathrm{N})^2 + (-38.22)^2\left(\frac{\mathrm{N}}{\mathrm{mm^3}}\right)^2$$
$$\times (0.289\mathrm{mm})^2 + (0.29\mathrm{N/mm^2})^2$$

$$u_\mathrm{c}^2(R_\mathrm{m}) = 0.00318^2(\mathrm{mm^{-2}})^2 \times (1213.96\mathrm{N})^2 + (-56.48)^2\left(\frac{\mathrm{N}}{\mathrm{mm^3}}\right)^2$$
$$\times (0.289\mathrm{mm})^2 + (0.29\mathrm{N/mm^2})^2$$

$$u_\mathrm{c}^2(A) = \frac{1}{(1000\mathrm{mm})^2} \times (0.09282\mathrm{mm})^2 + (-0.01213)^2(\mathrm{mm^{-1}})^2$$
$$\times (0.289\mathrm{mm})^2 + (0.14\%)^2$$

经计算可得

$$u_\mathrm{c}(R_\mathrm{eL}) = 11.05\mathrm{N/mm^2}, \quad u_\mathrm{c}(R_\mathrm{m}) = 16.78\mathrm{N/mm^2}, \quad u_\mathrm{c}(A) = 0.3776\%$$

6. 扩展不确定度的评定

扩展不确定度采用 $U = ku_\mathrm{c}(y)$ 的表示方法。

对本实例,包含因子 $k = 2$,因此有

$$U(R_\mathrm{eL}) = 2u_\mathrm{c}(R_\mathrm{eL}) = 2 \times 11.05 = 22.10 = 22\mathrm{N/mm^2}$$
$$U(R_\mathrm{m}) = 2u_\mathrm{c}(R_\mathrm{m}) = 2 \times 16.78 = 33.56 = 34\mathrm{N/mm^2}$$
$$U(A) = 2 \times 0.3776\% = 0.7552\% = 0.8\%$$

用相对扩展不确定度来表示,则分别为

$$U_\mathrm{rel}(R_\mathrm{eL}) = \frac{U(R_\mathrm{eL})}{R_\mathrm{eL}} = \frac{22}{380} = 5.8\%$$

$$U_\mathrm{rel}(R_\mathrm{m}) = \frac{U(R_\mathrm{m})}{R_\mathrm{m}} = \frac{34}{565} = 6.0\%$$

$$U_\mathrm{rel}(A) = \frac{U(A)}{A} = \frac{0.8\%}{21.5\%} = 3.7\%$$

7. 测量不确定度的报告

本实例评定的钢筋混凝土用热轧带肋钢筋的下屈服强度、抗拉强度、断后伸长率测量结果的不确定度报告如下：

$$R_{eL} = 382N/mm^2, \quad U = 22N/mm^2 \ (k=2)$$
$$R_m = 565N/mm^2, \quad U = 34N/mm^2 \ (k=2)$$
$$A = 21.5\%, \quad U = 0.8\% \ (k=2)$$

其意义是：可以预期在符合正态分布的前提下，在 $(382-22)N/mm^2$ 至 $(382+22)N/mm^2$ 的区间包含了下屈服强度测量结果可能值的 95%；在 $(565-34)N/mm^2$ 至 $(565+34)N/mm^2$ 的区间包含了抗拉强度 R_m 测量结果可能值的 95%；在 $(21.5\%-0.8\%)$ 至 $(21.5\%+0.8\%)$ 的区间包含了断后伸长率 A 测量结果可能值的 95%。

如果以相对扩展不确定度的形式来报告，则可写为

$$R_{eL} = 380N/mm^2, \quad U_{rel} = 5.8\% \ (k=2)$$
$$R_m = 565N/mm^2, \quad U_{rel} = 6.0\% \ (k=2)$$
$$A = 21.5\%, \quad U_{rel} = 3.7\% \ (k=2)$$

四、金属材料洛氏硬度试验检测结果测量不确定度的评定

1. 概述

（1）测量方法及评定依据

GB/T 230.1—2009《金属材料 洛氏硬度试验 第 1 部分：试验方法（A、B、C、D、E、F、G、H、K、N、T 标尺）》；GB/T 230.2—2012《金属材料 洛氏硬度试验 第 2 部分：硬度计（A、B、C、D、E、F、G、H、K、N、T 标尺）的检验与校准》；GB/T 230.3—2012《金属材料 洛氏硬度试验 第 3 部分：标准硬度块（A、B、C、D、E、F、G、H、K、N、T 标尺）的标定》；JJF 1059.1—2012《测量不确定度评定与表示》；ISO/IEC 17025：2005《检测和校准实验室能力的通用要求》；ASTM E18—2015《金属材料洛氏硬度试验方法》。

（2）环境条件

根据 GB/T 230.1—2009 中 7.1，试验一般在 10℃~35℃室温进行。对于本实例试验温度为 22℃±3℃。

（3）测量仪器

应采用经计量部门检定合格（满足 GB/T 230.2—2012 等标准的规定）的洛氏硬度计。本实例采用经政府计量部门检定合格的 FR-3e 型硬度计。

（4）被测对象

对于本实例，满足 GB/T 230.1—2009 规定的试样（材料为某碳钢）及符合 GB/T 230.3—2012 的标准洛氏硬度块。

（5）测量过程

在洛氏硬度计处于受控状态下，按照标准的规定（试验力保持时间、压痕间距、压痕中心与试样边缘的距离等），对金属材料硬度试样或标准块进行硬度试验，测得硬度值。

2. 测量模型的建立

采用综合法进行评定，其测量模型可写为

$$y = x \qquad\qquad (2-4-1)$$

式中：x——被测样块硬度读出值；

y——被测试样硬度检测值。

3. 测量不确定度来源分析

满足 GB/T 230.1—2009 的规定，对于检测实验室试验目的通常有两种情况：一是试验目的是检测材料试样单次测量结果的硬度值；二是试验目的是检测试验材料的平均硬度，即通常要在试样表面多次测量硬度，将硬度平均值作为材料的平均硬度值而报出结果。不管是哪一种情况，经分析金属洛氏硬度试验测量结果不确定度主要来源于下列因素（根据掌握的硬度计信息的不同又分为两种方法）。

（1）第一种方法

硬度计的检定证书未给出硬度计的扩展不确定度，但给出了硬度计压痕测深装置分辨力、硬度计读数分辨率或误差、计量硬度计所使用的标准硬度块的不均匀度等，这时应考虑下列因素引入的不确定度分量：

1）试验重复性引入的标准不确定度分量（包括同一测量人员或不同测量人员的重复性及材料不均匀性、所用硬度计重复性等复合引入的不确定度分量，对于上述两种目的计算公式有所不同）；

2）硬度计复现性引入的标准不确定度分量（根据对同一样块在不同时期进行监测的数据计算得到）；

3）硬度计压痕测深装置分辨力引入的标准不确定度分量；

4）硬度计计量溯源（使用洛氏标准硬度块）引入的标准不确定度分量；

5）硬度计读数引入的标准不确定度分量（对表盘式或数显式硬度计）；

6）试验结果数据修约引入的标准不确定度分量。

（2）第二种方法

使用的硬度计的检定证书给出了硬度计的扩展不确定度 U_{Had} 和包含因子 k_{Had}，这时上述 3）、4）、5）项因素引入的不确定度就可不必计算，而直接用证书给出的 U_{Had} 和 k_{Had} 计算硬度计所引入的不确定度分量。必须指出，因为在评定硬度计本身的不确定度时这三项因素及重复性因素已被考虑，又由于在上述 1）项即试验重复性因素中硬度计本身的重复性与材料均匀性、人员操作的差异等混合在一起而无法分离出来，这时只好不考虑上述 3）、4）、5）项因素，而直接用硬度计本身的不确定度 U_{Had} 来计算，U_{Had} 中的硬度计本身的重复性因素虽然无法扣除，但所占比例很小。对于这种情况，应考虑下列因素引入的不确定度分量：

1）试验重复性引入的标准不确定度分量；

2）硬度计复现性引入的标准不确定度分量；

3）硬度计压痕测深装置分辨力不确定度引入的标准不确定度分量；

4）试验结果数据修约引入的标准不确定度分量。

评定的实践表明，上述两种方法计算得到的扩展不确定度是非常接近甚至是相同的。应用时，视具体情况和方便简捷而定。

4. 标准不确定度分量的评定

（1）试验重复性引入的标准不确定度分量 $u(x_1)_{Repeat}$ 或 $u(x_1)_{rep\&NU}$

可以通过连续测量得到观测列，从而采用 A 类方法进行评定。任选 m 名检测人员（实验室检测人员大于 3 人时,建议至少 3 人参与测量;小于 3 人时,应全部人员参与测量)在同一台计量合格的硬度计上对不同标尺的满足 GB/T 230.1—2009 的试样分别进行测试,对每一标尺,每一检测人员在重复条件下连续测量多次(至少 5 次),每个标尺得到 m 组观测列。每组观测列分别按塞尔公式计算试验标准差 s_j,再求出高可靠性的合并样本标准差 s_p,经判断后求得试验重复性引入的不确定度分量。如对于本实例,操作人员大于 5 人,则任选具有上岗证的 5 名检测人员用受控的 FR – 3e 型洛氏硬度计,严格按照 GB/T 230.1—2009 的规定,在试样上重复进行 10 次试验,测试其洛氏硬度值,其原始测量数据、s_p 的判定及计算结果分别见表 2 – 4 – 1 和表 2 – 4 – 2。必须指出,对于不同材料试样应使用不同的标尺(如 HRA、HRB、HRC 等),都应进行相应的试验重复性测量不确定度分量的评定。

表 2 – 4 – 1 试验重复性测量数据和计算结果

硬度标尺	组 m	试验人员	测量次数 n										平均值 $\overline{HR_j}$	标准差 s_j
			1	2	3	4	5	6	7	8	9	10		
HRC	1	1	62.0	61.6	62.8	62.6	64.0	63.8	62.1	64.6	63.9	63.5	63.09	1.008
	2	2	61.6	62.3	61.0	61.1	62.8	61.0	60.1	60.5	61.3	62.9	61.46	0.9395
	3	3	63.2	64.3	64.0	63.1	63.8	62.6	62.8	63.9	63.2	64.5	63.54	0.6467
	4	4	62.9	63.3	62.7	63.8	62.0	62.9	63.5	63.6	64.2	64.0	63.29	0.6707
	5	5	64.0	63.8	62.6	64.6	63.8	63.2	63.6	62.8	61.9	61.7	63.20	0.9393
硬度总平均值 $\overline{HR}$			62.916(修约为 63.0)											
合并样本标准差 s_p			0.8543				最大标准差 s_{max}				1.008			
注:试样厚度 8mm,试样材料为某碳钢,试验温度 22℃ ±3℃,相对湿度 ≤70%。														

表 2 – 4 – 2 s_p 判定及不确定度分量计算值

标尺	s_p	$\hat{\sigma}(s)$	$s_{p,比}$	s_{max}	采用的统计量 (s_p 或 s_{max})	$u(x_1)_{Repeat}$ 或 $u(x_1)_{Rep\&NU}$	自由度 ν_{s_p} 或 $\nu_{s_{max}}$
HRC	0.8543	0.1688	0.2014	1.008	$s_p = 0.8543$	若为目的 1,则 $u(x_1)_{Repeat}$ 为 s_p;若为目的 2,则 $u(x_1)_{Rep\&NU}$ 为 $\dfrac{s_p}{\sqrt{n}}$	ν_{s_p} 为 45

现以 C 标尺为例加以说明,具体计算公式如下:
每个样本的标准差为

$$s_j = \sqrt{\frac{\sum\limits_{i=1}^{n}\left(HR_i - \overline{HR_j}\right)^2}{n-1}}$$

其合并样本标准差 s_p 的计算按

$$s_p = \sqrt{\frac{1}{m}\sum_{j=1}^{m} s_j^2}$$

式中：j——组数，$j=5$；

　　　　i——测量次数，$i=1,2,\cdots,10$；

　　　　HR_i——第 i 次洛氏硬度测量值；

　　　　HR_j——第 j 次洛氏硬度测量均值；

其自由度为

$$\nu_{s_p} = m(n-1)$$

合并样本标准差 s_p 是否可用，决定于测量状态是否稳定，应通过下列的判断来决定：先按

$$\hat{\sigma}(s) = \sqrt{\frac{\sum_{j=1}^{m}(s_j - \bar{s})^2}{m-1}}$$

计算各个试验样本的标准差 $s_j(j=1,2,\cdots,m)$ 的标准差 $\hat{\sigma}(s)$，再按

$$s_{p,比} = \frac{s_p}{\sqrt{2(n-1)}}$$

计算出 $s_{p,比}$。

如 $\hat{\sigma}(s) \leqslant s_{p,比}$，则表明测量状态稳定，可采用合并样本标准差 s_p 来评定标准不确定度分量；反之，若 $\hat{\sigma}(s) > s_{p,比}$，则应采用 s_j 中的最大值 s_{max} 来评定标准不确定度分量。

对第一种方法试验目的，即以单次测量值作为结果，那么

$$u(x_1)_{Repeat} = s_p \tag{2-4-2}$$

或

$$u(x_1)_{Repeat} = s_{max} \tag{2-4-2'}$$

对第二种方法试验目的，即在试样表面多次测量硬度值，将硬度平均值作为材料的平均硬度值而报出结果，那么

$$u(x_1)_{Rep\&NU} = s_p/\sqrt{n} \tag{2-4-3}$$

或

$$u(x_1)_{Rep\&NU} = s_{max}/\sqrt{n} \tag{2-4-3'}$$

对于两种情况自由度分别为

$$\nu_{s_p} = m(n-1) \text{ 或 } \nu_{s_{max}} = n-1$$

对于本实例，计算得到的 s_p、$\hat{\sigma}(s)$、$s_{p,比}$、s_j 中的最大值 s_{max}，以及判定后采用的统计量、试验重复性不确定度分量 $u(x_1)_{Repeat}$ 或 $u(x_1)_{Rep\&NU}$ 及自由度 ν_{s_p} 或 $\nu_{s_{max}}$ 等一并列于表 2-4-2。

从表 2-4-1 和表 2-4-2 的结果可知，描述试验重复性的高可靠性合并样本标准差 s_p 为 0.8543HRC，并且各样本标准差 s_j 的标准差为

$$\hat{\sigma}(s) = 0.1688(HRC) < s_{p,比} = 0.2014HRC$$

这表明，检测状态稳定，高可靠性的合并样本标准差 s_p 可以应用。根据 GB/T 230.1—2009 的规定，每个试样上的试验点数不少于 4 点，第 1 点不计。于是在实际检测工作中，试

验报告中 3 点的试验数据都应作为结果报出,这就属于上述的第一种试验目的(以单次测量值作为结果)。根据式(2-4-2)重复性引入的不确定度分量为

$$u(x_1)_{\text{Repeat}} = 0.8543\text{HRC}$$

对第二种试验目的,即在试样表面多次测量硬度值,将硬度平均值作为材料的平均硬度值而报出结果,如以 3 次试验硬度值的平均值作为结果,根据式(2-4-3)重复性引入的不确定度分量为

$$u(x_1)_{\text{Rep\&NU}} = s_p/\sqrt{n} = \frac{0.8543}{\sqrt{3}} = 0.4932\text{HRC}$$

自由度为

$$\nu_{s_p} = m(n-1) = 5 \times (10-1) = 45$$

如果被测试样均匀性较差或 5 个检测人员间的操作差异较大等因素,导致 s_j 间的差异较大,使得标准差 s_j 的标准差 $\hat{\sigma}(s) > s_{p,\text{比}}$,这表明测量状态不稳定,$s_p$ 不可应用,这时应使用 $s_{\max}$ 进行评定,见式(2-4-2)′和(2-4-3)′。

(2)硬度计复现性引入的标准不确定度分量 $u(x_2)_{\text{Reprod}}$

美国 ASTM E18 标准认为,洛氏硬度计在长时间使用中性能会发生改变,在此期间,试验人员和试验环境均会改变硬度计性能,因此要用长期检测的多组数据监督硬度计的性能,计算得到不确定度,这就是洛氏硬度计复现性引入的不确定度分量 $u(x_2)_{\text{Reprod}}$,这可用以下方法进行评定,即在洛氏硬度计工作期间的各个时期对同一标准块或试样都测定一组数据并求出各组数据的平均值,根据这些平均值求出其标准偏差来计算复现性引入的不确定度分量。如果各时期各组检测结果的平均值为 $M_1, M_2, \cdots, M_n$,则总平均值为

$$\overline{M} = \frac{1}{n}\sum_{i=1}^{n} M_i \tag{2-4-4}$$

标准差为

$$s_{\text{Reprod}} = \sqrt{\frac{\sum_{i=1}^{n}(M_i - \overline{M})^2}{n-1}} \tag{2-4-5}$$

所求复现性引起的不确定度分量为

$$u(x_2)_{\text{Reprod}} = s_{\text{Reprod}} = \sqrt{\frac{\sum_{i=1}^{n}(M_i - \overline{M})^2}{n-1}} \tag{2-4-6}$$

本评定对同一个洛氏标准硬度块,由同一人员在 2005 年 3 月~7 月期间约一个多月监测一次,共监测了 5 次,原始数据和计算结果见表 2-4-3。

由表 2-4-3 的监测数据,根据式(2-4-6)可求得硬度计复现性引入的不确定度分量为

$$u(x_2)_{\text{Reprod}} = s_{\text{Reprod}} = \sqrt{\frac{\sum_{i=1}^{n}(M_i - \overline{M})^2}{n-1}} = 0.2915\text{HRC}$$

需注意,本实例根据试样材料的硬度范围,使用的是 C 标尺,表 2-4-3 给出了 HRC 的复现性的监测数据。对于不同材料试样使用的不同标尺(如 HRA、HRB、HRC 等),其复现性

的监测和不确定度分量的评定方法与此完全一样。

表 2 - 4 - 3　HRC 试验复现性测量数据及计算结果

监测日期	测量次数 n										平均值 M_i	总均值 $\overline{M}$	标准差 s_{Reprod}
	1	2	3	4	5	6	7	8	9	10			
05.3.2	62.1	62.2	62.0	61.9	62.2	62.1	62.2	62.2	62.1	62.2	62.1		
05.4.11	62.2	62.0	61.8	61.9	61.9	62.2	62.1	62.2	62.0	62.2	62.0		
05.5.18	62.0	61.9	62.1	61.8	61.8	61.9	62.0	62.0	61.7	61.6	61.9	61.8	0.2915
05.6.20	61.6	61.8	61.4	61.5	62.0	61.5	61.9	61.4	61.6	61.8	61.6		
05.7.25	61.4	62.0	61.3	61.5	61.6	61.4	61.2	61.5	61.1	61.2	61.4		

注:洛氏硬度计型号规格为 FR - 3e 型洛氏硬度计;计量检定结果为合格;监测试样为 SYLD 310 号标准硬度;标准硬度值为 61.8HRC;试验温度 24℃ ±3℃;相对湿度≤70%。

（3）硬度计压痕测深装置分辨力引入的标准不确定度分量 $u(x_3)_{Resol}$

根据 GB/T 230.1—2009 和 GB/T 230.2—2012 对洛氏硬度测试及洛氏硬度计的规定,压痕测深装置的分辨力应为 0.001mm,相当于 0.5 个标尺单位,即 $r = 0.5$HRC,这对测量不确定度有影响,按矩形分布考虑,压痕测深装置分辨力引入的不确定度分量为

$$u(x_3)_{Resol} = \frac{r/2}{\sqrt{3}} = \frac{r}{\sqrt{12}} = \frac{0.5}{\sqrt{12}} = 0.144\text{HRC} \qquad (2 - 4 - 7)$$

（4）硬度计计量溯源（使用洛氏标准硬度块）引入的标准不确定度分量 $u(x_4)_{Block}$

根据 GB/T 230.2—2009 的规定,硬度计的检验,即计量溯源有直接检验法和间接检验法,间接检验法适用于硬度计综合检验,也可独立地用于使用中的硬度计的定期常规检查。洛氏硬度试验测量结果不确定度的评定采用综合法,因此,计量溯源所使用的洛氏标准硬度块偏差引入的标准不确定度分量 $u(x_4)_{Block}$ 是采用硬度计间接检验的结果来进行。由于硬度计是采用间接的方式用标准硬度块进行计量溯源的,因此标准块的均匀性是这项分量的来源。

GB/T 230.2—2012 给出了洛氏标准硬度块不均匀度的最大值 B_{max},则

$$u(x_4)_{Block} = \frac{\dfrac{B_{max}}{2}}{\sqrt{3}} = \frac{B_{max}}{\sqrt{12}} \qquad (2 - 4 - 8)$$

如果洛氏标准硬度块证书给出了硬度块的标准偏差 s_{Block},则

$$u(x_4)_{Block} = \frac{t \cdot s_{Block}}{\sqrt{n}} \qquad (2 - 4 - 9)$$

一般,$n = 5$,$t = 1.15$。

如果洛氏标准硬度块证书给出了硬度块的扩展不确定度 U_{Block} 和包含因子 k_{Block},

$$u(x_4)_{Block} = \frac{U_{Block}}{k_{Block}} \qquad (2 - 4 - 10)$$

应指出,在评定不确定度时影响因素不能重复,也不能遗漏,重复会导致评定的不确定度过大,遗漏则会偏小。如考虑了硬度试验最后结果的重复性(已包括了硬度计本身的重复性在内)引入的分量 $u(x_1)_{Repeat}$ 或 $u(x_1)_{Rep\&NU}$,那么硬度计本身的重复性就不应该再重复计入。

评定所用的标准硬度块应满足标准,对于不同的标尺标准给出了不均匀度的最大允许

值 $B_{\max}$,本实例使用的是 C 标尺, $B_{\max} = 0.4\text{HRC}$,根据式 $(2-4-8)$ 有

$$u(x_4)_{\text{Block}} = \frac{\dfrac{B_{\max}}{2}}{\sqrt{3}} = \frac{0.4}{\sqrt{12}} = 0.1155\text{HRC}$$

评定中,对于硬度计计量溯源引入的不确定度分量,只需根据标准硬度块的信息,利用式 $(2-4-8)\sim$ 式 $(2-4-10)$ 进行计算即可。如果洛氏标准硬度块证书给出了标准块的标准差或扩展不确定度,那么就可应用式 $(2-4-9)$ 或式 $(2-4-10)$ 求得。

(5) 硬度计读数引入的标准不确定度分量 $u(x_5)_{\text{Red}}$

对于表盘式硬度计,如果检测人员读数时可估读到 $\pm a$ 个洛氏硬度单位,则硬度计读数引入的标准不确定度分量为

$$u(x_5)_{\text{Red}} = \frac{a}{k} = \frac{a}{\sqrt{3}} \qquad (2-4-11)$$

对于数显式硬度计,如果读数分辨力为 δ_x ,则

$$u(x_5)_{\text{Red}} = 0.29\delta_x \qquad (2-4-12)$$

本实例使用的硬度计为数显式硬度计,其读数分辨力 $\delta_x = 0.1\text{HR}$,所用标尺为 C 标尺,所以硬度计读数引入的标准不确定度分量为

$$u(x_5)_{\text{Red}} = 0.29\delta_x = 0.029\text{HRC}$$

(6) 试验结果数据修约引入的标准不确定度分量 $u(x_6)_{\text{Rou}}$

根据 GB/T 230.1—2009,洛氏硬度的修约间隔为 0.5HR ,试验结果数据修约引入的标准不确定度分量为

$$u(x_6)_{\text{Rou}} = \frac{0.5/2}{\sqrt{3}} = 0.144\text{HRC} \qquad (2-4-13)$$

(7) 硬度计的扩展不确定度引入的不确定度分量 $u(x_7)_{\text{Had}}$

这是针对不确定度来源分析中所述的第二种方法而进行计算的。从硬度计检定证书可知,硬度计的扩展不确定度为 u_{Had} ,包含因子为 k_{Had} ,硬度计引入的不确定度分量为

$$u(x_7)_{\text{Had}} = \frac{U_{\text{Had}}}{k_{\text{Had}}} \qquad (2-4-14)$$

本实例所使用的 FR $-3e$ 型洛氏硬度计检定证书给出了硬度计的扩展不确定度是 $u_{\text{Had}} = 0.4\text{HRC}$, $k_{\text{Had}} = 2$,根据式 $(2-4-14)$ 有

$$u(x_7)_{\text{Had}} = \frac{U_{\text{Had}}}{k_{\text{Had}}} = \frac{0.4}{2} = 0.2\text{HRC}$$

如根据硬度计检定证书的信息,采用的是本实例“3. 测量不确定度来源分析”所述的第二种方法对测量不确定度进行评定,计算了此项分量,那么上述的第 (3) 、 (4) 、 (5) 项因素引入的不确定度就不应该再进行计算;否则造成重复,导致评定结果偏高。

5. 合成标准不确定度及扩展不确定度的计算

(1) 对于第一种方法

因试验重复性(人员、硬度计、材料不均匀性等)、硬度计复现性、硬度计压痕测深装置分辨力、硬度计计量溯源(使用洛氏标准硬度块)、硬度计读数、试验结果数据修约等引入的不确定度分量彼此独立不相关,且根据测量模型公式 $(2-4-1)$,灵敏系数 $c_i = \dfrac{\partial y}{\partial x_i} = 1$ 。因而

可按照分量方和根的公式进行合成。

1)对第一种试验目的,即以单次测量值作为结果,则可合成为

$$u_{c1,1}(y) = \sqrt{\sum_{i=1}^{n} u^2(x_i)}$$

$$= \sqrt{u^2(x_1)_{Repeat} + u^2(x_2)_{Reprod} + u^2(x_3)_{Resol} + u^2(x_4)_{Block} + u^2(x_5)_{Red} + u^2(x_6)_{Rou}}$$

$$(2-4-15)$$

扩展不确定度 U 为合成标准不确定度 $u_c(y)$ 与包含因子 k 之乘积,k 取 2,约为 95%,本评定推荐使用;$k=3$,约为 99%,某些情况下使用。为此,在评定中只要求出了 $u_c(y)$,则所求的扩展不确定度就可得到。于是有

$$U = ku_{c1,1}(y) = 2 \times u_{c1,1}(y) \qquad (2-4-16)$$

对于本实例将上述求得的分量数据代入式(2-4-15)和式(2-4-16),可分别求出合成标准不确定度和扩展不确定度为

$$u_{c1,1}(y) = \sqrt{\sum_{i=1}^{n} u^2(x_i)}$$

$$= \sqrt{0.8543^2 + 0.2915^2 + 0.144^2 + 0.1155^2 + 0.029^2 + 0.144^2}$$

$$= 0.9330HRC$$

$$U = ku_{c1,1}(y) = 2 \times 0.9330 = 1.866 = 1.9HRC$$

2)对第二种试验目的,即在试样表面多次测量硬度值,将硬度平均值作为材料的平均硬度值而报出结果,则合成为

$$u_{c1,2}(y) = \sqrt{\sum_{i=1}^{n} u^2(x_i)}$$

$$= \sqrt{u^2(x_1)_{Rep\&NU} + u^2(x_2)_{Reprod} + u^2(x_3)_{Resol} + u^2(x_4)_{Block} + u^2(x_5)_{Red} + u^2(x_6)_{Rou}}$$

$$(2-4-17)$$

此时扩展不确定度为

$$U = ku_{c1,2}(y) = 2u_{c1,2}(y) \qquad (2-4-18)$$

对于本实例,如以 3 次试验硬度值的平均值作为结果,那么将相应数据代入式(2-4-17),合成不确定度为

$$u_{c1,2}(y) = \sqrt{\sum_{i=1}^{n} u^2(x_i)}$$

$$= \sqrt{0.4932^2 + 0.2915^2 + 0.144^2 + 0.1155^2 + 0.029^2 + 0.144^2}$$

$$= 0.6196HRC$$

由式(2-4-18)扩展不确定度为

$$U = ku_{c1,2} = 2 \times u_{c1,2} = 2 \times 0.6196 = 1.2392 = 1.2HRC$$

如果以实际测试的 $n=10$ 次平均值作为结果(此种情况应用较少),则

$$u_{c1,3}(y) = \sqrt{\sum_{i=1}^{n} u^2(x_i)}$$

$$= \sqrt{u^2(x_1)_{Rep\&NU} + u^2(x_2)_{Reprod} + u^2(x_3)_{Resol} + u^2(x_4)_{Block} + u^2(x_5)_{Red} + u^2(x_6)_{Rou}}$$

$$= \sqrt{\left(\frac{0.8543}{\sqrt{10}}\right)^2 + 0.2915^2 + 0.144^2 + 0.1155^2 + 0.029^2 + 0.144^2} = 0.4622\text{HRC}$$

$$U = ku_{c1,3} = 2 \times u_{c1,3} = 2 \times 0.4622 = 0.9244 = 0.9\text{HRC}$$

（2）对于第二种方法

因试验重复性（人员、材料不均匀性、硬度计等）、硬度计复现性、硬度计的不确定度、试验结果数据修约等引入的不确定度分量彼此独立不相关，且根据测量模型式（2-4-1），灵敏系数 $c_i = \frac{\partial y}{\partial x_i} = 1$。因而也应按照分量方和根的公式进行合成。

1）对第一种试验目的，即以单次测量值作为结果，则可合成为

$$u_{c2,1}(y) = \sqrt{\sum_{i=1}^{n} u^2(x_i)}$$
$$= \sqrt{u^2(x_1)_{\text{Repeat}} + u^2(x_2)_{\text{Reprod}} + u^2(x_7)_{\text{Had}} + u^2(x_6)_{\text{Rou}}} \quad (2-4-19)$$

相应的扩展不确定度为

$$U = ku_{c2,1}(y) = 2 \times u_{c2,1}(y) \quad (2-4-20)$$

对于本实例，根据式（2-4-19）并将上述求得的分量数据代入，可求出合成标准不确定度为

$$u_{c2,1}(y) = \sqrt{\sum_{i=1}^{n} u^2(x_i)} = \sqrt{u^2(x_1)_{\text{Repeat}} + u^2(x_2)_{\text{Reprod}} + u^2(x_7)_{\text{Had}} + u^2(x_6)_{\text{Rou}}}$$
$$= \sqrt{0.8543^2 + 0.2915^2 + 0.2^2 + 0.144^2} = 0.9357\text{HRC}$$

扩展不确定度为

$$U = ku_{c2,1}(y) = 2 \times 0.9357 = 1.8714 = 1.9\text{HRC}$$

2）对第二种试验目的，即在试样表面多次测量硬度值，将硬度平均值作为材料的平均硬度值而报出结果，则可合成为

$$u_{c2,2}(y) = \sqrt{\sum_{i=1}^{n} u^2(x_i)} = \sqrt{u^2(x_1)_{\text{Rep\&NU}} + u^2(x_2)_{\text{Reprod}} + u^2(x_7)_{\text{Had}} + u^2(x_6)_{\text{Rou}}}$$

$$(2-4-21)$$

扩展不确定度为

$$U = ku_{c2,2}(y) = 2\sqrt{u^2(x_1)_{\text{Rep\&NU}} + u^2(x_2)_{\text{Reprod}} + u^2(x_7)_{\text{Had}} + u^2(x_6)_{\text{Rou}}}$$

$$(2-4-22)$$

对于本实例，如以3次试验硬度值的平均值作为结果，由式（2-4-21），合成不确定度为

$$u_{c2,2}(y) = \sqrt{\sum_{i=1}^{n} u^2(x_i)}$$
$$= \sqrt{0.4932^2 + 0.2915^2 + 0.2^2 + 0.144^2} = 0.6237\text{HRC}$$

则扩展不确定度为

$$U = ku_{c2,2}(y) = 2 \times 0.6237 = 1.2474 = 1.2\text{HRC}$$

如果以实际测试的 $n = 10$ 次平均值作为结果（此种情况应用较少），则由式（2-4-21）有

$$u_{c2,3}(y) = \sqrt{\sum_{i=1}^{n} u^2(x_i)}$$

$$= \sqrt{\left(\frac{0.8543}{\sqrt{10}}\right)^2 + 0.2915^2 + 0.2^2 + 0.144^2} = 0.4676 \text{HRC}$$

相应的扩展不确定度为

$$U = ku_{c2.3}(y) = 2 \times 0.4676 = 0.9352 = 0.9 \text{HRC}$$

汇总上述计算可得以下结果：

测试结果	第一种方法结果	第二种方法结果
单次值	$U = 1.866 = 1.9$HRC	$U = 1.8714 = 1.9$HRC
3 次平均值	$U = 1.2392 = 1.2$HRC	$U = 1.2474 = 1.2$HRC
10 次平均值	$U = 0.9244 = 0.9$HRC	$U = 0.9352 = 0.9$HRC

十分明显,比对两种方法的计算结果可知,不管是以单次测量值作为结果,还是以 3 次试验硬度值的平均值作为结果,还是以 10 次平均值作为结果,当扩展不确定度的有效位数取两位或一位时,两种方法计算的最后结果完全相同,只有当扩展不确定度有效位数取两位以上(GUM 或 JJF 1059.1—2012 不允许)时,其结果才略有差异,对于应用,这根本无关紧要。两种方法的计算结果是一致的。在实际应用中,如果硬度计的检定证书给出了硬度计的扩展不确定度和扩展因子,那么应优先采用第二种方法,因为此法与第一种方法相比简单而方便。

计算表明,对于第一种方法或第二种方法,如果再重复计入硬度计本身的重复性[根据 GB/T 230.2—2012 的规定,对 C 标尺重复性小于或等于 $0.02 \times (100 - \overline{H}) = 0.02 \times (100 - 63) = 0.74$HRC 或者 0.8HRC,二者取大者,所以重复性为 0.8HRC]和硬度计压痕测深装置分辨力[$u(x_4)_{\text{Resol}} = 0.144$HRC]两个因素所引入的标准不确定度分量,则通过计算可以得到以下结果：

测试结果	第一或第二种方法	第一或第二种方法中两个因素的正确结果	重复计算的错误结果
单次测量值	$U = 1.9$HRC	$U = 2.5$HRC	比正确结果偏高32%
3 次平均值	$U = 1.2$HRC	$U = 2.1$HRC	比正确结果偏高75%
10 次平均值	$U = 0.9$HRC	$U = 1.9$HRC	比正确结果偏高111%

6. 测量不确定度报告

JJF 1059.1—2012 给出的测量不确定度报告有多种形式,本实例建议采用应用较为广泛的下列报告形式,它由硬度测量结果(符合 GB/T 230.1—2009 要求,包括硬度值、标尺、球压头等)、扩展不确定度 U、包含因子 k(k 取 2,包含概率约为 95%)三部分组成。

对于本实例的评定结果：

1)若试验目的是以任一次测试值为结果(单次),如任意选取表 2 - 4 - 1 中的任一数据(如选第 1 人的第 4 次测试值)62.6HRC(根据 GB/T 230.1—2009 的规定,修约为 62.5HRC),则不确定度报告为该碳钢硬度单次测试结果为 62.5HRC,$U = 1.9$HRC($k = 2$)。

其意义是:可以预期在符合正态分布的前提下,该碳钢单次测试的硬度值在(62.5HRC - 1.9HRC)至(62.5HRC + 1.9HRC)的区间包含了该碳钢硬度测量结果可能值的 95%。

2)若试验目的是以任 3 次的平均值作为结果,如果取表 2 - 4 - 1 中第 1 人的前 3 次测试值(可任取任何人的任意 3 次)的平均值 $\frac{62.0 + 61.6 + 62.8}{3} = 62.1$HRC 为结果(根据 GB/T

230.1—2009 的规定,修约为 62.0),则不确定度报告为 3 次测试平均值结果为 62.0HRC,U = 1.2HRC($k = 2$)。

其意义是:可以预期在符合正态分布的前提下,该碳钢 3 次测试的硬度平均值在 (62.0HRC − 1.2HRC)至(62.0HRC + 1.2HRC)的区间包含了该碳钢硬度 3 次测试平均值测量结果可能值的 95%。

3)若试验目的是以任 10 次的平均值作为结果(实践中很少应用)为例,如取表 2 − 4 − 1 中第 1 人的 10 次测试值的平均值为 63.09HRC,应修约为 63.0HRC,则不确定度报告为 10 次测试值平均值的结果为 63.0HRC,$U = 0.9$HRC($k = 2$)。

其意义是:可以预期在符合正态分布的前提下,该碳钢 10 次测试的硬度平均值在 (63.0HRC − 0.9HRC)至(63.0HRC + 0.9HRC)的区间包含了该碳钢硬度 10 次测试平均值测量结果可能值的 95%。

如对某钢材的洛氏硬度用 B 标尺测定,得到单次测定结果的不确定度报告为某钢材单次测试结果为 90.5HRB,$U = 2.2$HRB($k = 2$)。

五、金属材料布氏硬度试验检测结果测量不确定度的评定

1. 概述

(1)测量方法

按照 GB/T 231.1—2009《金属材料　布氏硬度试验　第 1 部分:试验方法》。

(2)评定依据

GB/T231.2—2012《金属材料　布氏硬度试验　第 2 部分:硬度计的检验与校准》;GB/T 231.3—2012《金属材料　布氏硬度试验　第 3 部分:标准硬度块的标定》;检定规程 JJG 150—2005《金属布氏硬度计》;JJF 1059.1—2012《测量不确定度评定与表示》;ISO/IEC 17025:2005《检测和校准实验室能力的通用要求》。

(3)环境条件

根据 GB/T 231.1—2009 中 7.1 的规定进行试验,温度一般在 10℃ ~ 35℃。对于要求严格的试验,温度为 23℃ ±5℃,本实例温度为 25℃ ±2℃,湿度为 60% RH。

(4)测量设备

应采用经国家计量部门检定合格(符合 GB/T 231.2—2012 等标准的规定)的布氏硬度计。本实例采用经政府计量部门检定合格的 KB3000 BVRZ 型全自动万能硬度试验机(德国 Kbpruftechnik Gmbh Ltd)。

(5)被测对象

符合 GB/T 231.1—2009 规定的金属材料硬度试样及符合 GB/T 231.3—2012 规定的标准布氏硬度块。本实例试样及标准硬度块都满足上述要求。

(6)测量过程

根据 GB/T 231.1—2009,在温度 25℃ ±2℃、相对湿度 60% 环境条件下,借助于计量合格的 KB3000 BVRZ 型全自动万能硬度试验机,加载条件为选用压头直径 $D = 5$mm 的硬质合金球,试验力为 7355N,即 $0.102 \times \frac{F}{D^2} = 30$,保载时间为 15s。采用自动加载方式,对 1#(高)、

$2^\#$（中）、$3^\#$（低）3 个试样测定布氏硬度值（HBW）。

（7）评定结果的使用

满足上述条件,可根据本试验结果的测量不确定度评定进行参照使用,其他情况可根据试验时所用的硬度计、试验力、硬度值范围等条件参照不确定度的评定方法进行评定。

2. 测量模型

如果采用直接评定法,其测量模型为

$$y = 常数 \times \frac{试验力}{压痕表面积} = 0.102 \times \frac{2F}{\pi D(D - \sqrt{D^2 - d^2})}$$

式中:F——试验力,N;

D——压头球直径,mm;

d——压痕平均直径,mm;

y——布氏硬度,HBW。

从测量模型可知,一方面求得不确定度灵敏系数 $c_i = \dfrac{\partial y}{\partial x_i}$ 的十分繁琐,评定几乎无可操作性;另一方面考虑到当前制造和使用的硬度计,大部分是全自动万能布氏硬度计,试验后直接由硬度计读出测定结果。因此,应采用综合法进行评定,其测量模型可为

$$y = x \tag{2-5-1}$$

式中:x——被测试样的布氏硬度读出值;

y——被测试样的布氏硬度测定结果（HBW）。

目前,对于少数存在且即将淘汰的老式硬度计,通过试验根据压痕平均直径计算或查表得到布氏硬度值这一步骤可视为整个试验过程中的一个环节,其最后结果还是得到了布氏硬度值。因此,在采用综合法对布氏硬度试验结果进行测量不确定度评定时,也可采用式（2-5-1）作为测量模型。实践表明,所得结果符合布氏硬度试验和测试规律,综合评定法是一种行之有效的方法。

3. 测量不确定度来源分析

在满足 GB/T 231.1—2009 规定的条件下,对于检测实验室试验通常有两种目的:一是检测材料试样单次测量结果的硬度值;二是检测材料试样的平均硬度,即通常要在试样表面多次测量硬度,将硬度平均值作为材料的平均硬度值而报出结果。不管是哪种情况,经分析金属布氏硬度试验测量不确定度结果主要来源于下列因素:

1）试验最后结果的重复性所引入的标准不确定度分量,包括材质的不均匀性、同一测量人员或不同测量人员操作差异引起的重复性、所用硬度计重复性,以及在满足 GB/T 231.1—2009 规定的前提下,试样加工和试验条件的差异等因素引起的不确定度分量 $u_1(x_1)_{Repeat}$ 或 $u_1(x_1)_{Rep\&NU}$;

2）硬度计复现性引入的标准不确定度分量（根据对同一标准块或同一试样在不同时期进行监测的数据计算得到）$u(x_2)_{Reprod}$;

3）布氏硬度计示值误差引入的标准不确定度分量 $u(x_3)_{E,rel}$ 或 $u(x_3)_E$;

4）硬度计计量溯源（使用标准硬度块）引入的标准不确定度分量 $u(x_4)_{Block}$;

5）硬度计测量不确定度引入的标准不确定度分量[考虑此分量时,第 3）、4）项来源引起的分量不应再考虑]$u(x_5)_{Had}$ 或 $u(x_5)_{Had,rel}$;

6)试验结果数据修约引入的标准不确定度分量 $u(x_6)_{rou}$ 或 $u(x_6)_{rou,rel}$。

4. 标准不确定度分量的评定

(1)试验重复性引入的标准不确定度分量 $u(x_1)_{Repea}$ 或 $u(x_1)_{Rep\&NU}$

通过连续测量得到观测列,采用 A 类方法进行评定。任选 m 名检测人员(实验室检测人员大于 3 人时,建议至少 3 人参与测量;小于 3 人时,应全部人员参与测量)用同一台政府计量部门检定合格的布氏硬度计对满足 GB/T 231.1—2009 规定的试样,每一检测人员在重复条件下连续测量多次($n \geq 5$)即 m 人得到观测。每组观测列分别计算试验标准差 s_j,再由求出高可靠性的合并样本标准差 s_p,经判断后求得试验重复性所引入的不确定度分量。如对于本实例具有上岗证的操作人员为 4 人,则任选 3 名检测人员采用经政府计量部门检定合格的 KB3000 BVRZ 型全自动万能硬度试验机,严格按照 GB/T 231.1—2009 在试样上重复进行 6 次试验测试其布氏硬度值,其原始测量数据、s_p 的判定及计算结果分别见表 2 – 5 – 1 和表 2 – 5 – 2。

每个样本的标准差为

$$s_j = \sqrt{\frac{\sum_{i=1}^{n}(\mathrm{HBW}_i - \overline{\mathrm{HBW}_j})^2}{n-1}} \qquad (2-5-2)$$

其合并样本标准差 s_p 为

$$s_p = \sqrt{\frac{1}{m}\sum_{j=1}^{m}s_j^2} \qquad (2-5-3)$$

表 2 – 5 – 1　试验重复性测量数据和计算结果

检测人员 测定次数		1#试样(高) (HBW5/750)	2#试样(中) (HBW5/750)	3#试样(低) (HBW5/750)
m_j	n_i	HBW	HBW	HBW
第 1 人	1	585	336	205
	2	587	334	217
	3	585	337	211
	4	88	339	201
	5	584	338	208
	6	580	340	211
	平均值	585	337	209
	s_j	2.787	2.160	5.529
第 2 人	1	582	338	207
	2	584	336	202
	3	585	341	200
	4	580	342	214
	5	588	341	209
	6	582	339	210
	平均值	584	340	207
	s_j	2.811	2.258	5.215

表 2 – 5 – 1（续）

检测人员 测定次数		1#试样（高） （HBW5/750）	2#试样（中） （HBW5/750）	3#试样（低） （HBW5/750）
第3人	1	581	334	199
	2	580	337	198
	3	582	339	204
	4	587	331	205
	5	585	332	204
	6	580	330	199
	平均值	582	334	202
	s_j	2.881	3.545	3.146

表 2 – 5 – 2　s_p 判定及不确定度分量计算值

参数	1#试样（高） （HBW5/750）	2#试样（中） （HBW5/750）	3#试样（低） （HBW5/750）
总平均值 $\overline{\overline{HBW}}$	584	337	206
标准差的标准差 $\hat{\sigma}(s)$	0.04884	0.7729	1.295
合并样本标准差 s_p	2.827	2.728	4.749
$s_{p,\text{比}}$	0.8939	0.8628	1.502
单次测试为结果的分量 $u(x_1)_{\text{Repeat}}$	绝对分量 2.827	绝对分量 2.728	绝对分量 4.749
3 次平均值为结果的分量 $u(x_1)_{\text{Rep\&NU}}$	绝对分量 1.632	绝对分量 1.575	绝对分量 2.742
自由度 ν_{s_p}	15	15	15

对本实例，每个样本的子样数 $n=6$，样本组数 $m=3$，其自由度 $\nu_{s_p}=m(n-1)=3\times(6-1)$ $=15$。

合并样本标准差 s_p 是否可用，决定于测量状态是否稳定，应通过下列的判断来决定。

首先计算各个试验样本的标准差 $s_j(j=1,2,\cdots,m)$ 的标准差 $\hat{\sigma}(s)$ 为

$$\hat{\sigma}(s)=\sqrt{\frac{\sum_{j=1}^{m}(s_j-\bar{s})^2}{m-1}} \qquad (2-5-4)$$

再计算出 $s_{p,\text{比}}$

$$s_{p,\text{比}}=\frac{s_p}{\sqrt{2(n-1)}} \qquad (2-5-5)$$

如果 $\hat{\sigma}(s)\leqslant s_{p,\text{比}}$，则可采用合并样本标准差 s_p 来评定标准不确定度分量；反之，若 $\hat{\sigma}(s)$ $>s_{p,\text{比}}$，则应采用 s_j 中的最大值 $s_{\max}$ 来评定标准不确定度分量。

实际测试中，若以单次测量值作为结果，则

$$u(x_1)_{\text{Repeat}}=s_p \qquad (2-5-6)$$

或

$$u(x_1)_{\text{Repeat}} = s_{\max} \qquad (2-5-7)$$

若是在试样表面多次测量硬度值,将硬度平均值作为材料平均硬度值而报出结果,则

$$u(x_1)_{\text{Rep\&NU}} = s_p/\sqrt{n} \qquad (2-5-8)$$

或

$$u(x_1)_{\text{Rep\&NU}} = s_{\max}/\sqrt{n} \qquad (2-5-9)$$

不确定度分量采用 s_p 和 $s_{\max}$ 的两种情况,其自由度分别为 $\nu_{s_p} = m(n-1)$ 和 $\nu_{s_{\max}} = n-1$。

对于本例,通过计算可知,每个被测定的试样经判定 $\hat{\sigma}(s)$ 均小于 $s_{p,\text{比}}$,所以,测量状态稳定,高可靠性的合并样本标准差 s_p 可以应用。其不同情况下的试验重复性引入的不确定度分量皆可采用 s_p 进行计算,计算见式(2-5-8)和式(2-5-9)。计算得到的每个试样测试值的总平均值 $\overline{\text{HBW}}$、标准差的标准差 $\hat{\sigma}(s)$、合并样本标准差 s_p、$s_{p,\text{比}}$、单次测试值为结果的试验重复性不确定度分量 $u(x_1)_{\text{Repeat}}$ 及相对分量 $u(x_1)_{\text{Repeat,Rel}}$、3 次测试值的平均值为结果的试验重复性不确定度分量 $u(x_1)_{\text{Rep\&NU}}$ 及相对分量 $u(x_1)_{\text{Rep\&NU,Rel}}$、自由度 ν_{s_p} 等数据见表 2-5-2。

(2)硬度计复现性引入的标准不确定度分量 $u(x_2)_{\text{Repord}}$

因为布氏硬度计与洛氏硬度计一样,在长时间使用中性能也会发生改变,在此期间,试验人员和试验环境均会改变硬度计性能,因此要用长期检测的多组数据监督硬度计的性能,计算得到不确定度,这就是布氏硬度计复现性引起的不确定度分量 $u(x_2)_{\text{Repord}}$,可用以下方法进行评定,即在布氏硬度计工作期间的各个时期对同一标准块或试样测定一组数据并求出各组数据的平均值,根据这些平均值求出其标准偏差来计算复现性引入的不确定度分量。如果各时期各组检测结果的平均值为 $M_1, M_2, \cdots, M_n$,则总平均值为

$$\overline{M} = \frac{1}{n} \sum_{i=1}^{n} M_i \qquad (2-5-10)$$

M_i 的标准差即为所求复现性引起的不确定度分量,所以有

$$u(x_2)_{\text{Repord}} = s_{\text{Repord}} = \sqrt{\frac{\sum_{i=1}^{n}(M_i - \overline{M})^2}{n-1}} \qquad (2-5-11)$$

原始记录和计算结果可采用表 2-5-3 的方式进行。

本实例对同一个试样(2#试样),由同一人员在 2005 年 3 月～2005 年 7 月期间每一个月监测一次,共监测了 5 次,原始数据和计算结果见表 2-5-3。

表 2-5-3 HBW 试验复现性测量数据及计算结果

时间	监测次数										平均值 M_i	总平均值 $\overline{M}$	标准差 s_{Repord}
	1	2	3	4	5	6	7	8	9	10			
2005.3.2	336	338	343	337	340	339	341	344	338	342	339.8		
2005.4.12	337	336	339	340	338	338	342	340	337	341	338.8		
2005.5.16	335	338	337	337	340	339	339	341	341	337	338.4	338.6	0.7616
2005.6.21	338	339	337	337	340	341	341	340	334	335	338.2		
2005.7.26	337	336	336	338	340	340	336	336	337	342	337.8		
注:试验温度 25℃ ±3℃,相对湿度≤70%。													

由表 2 - 5 - 3 的数据,根据式(2 - 5 - 11)可求得硬度计复现性引入的不确定度分量为

$$u(x_2)_{\text{Repord}} = s_{\text{Repord}} = \sqrt{\frac{\sum_{i=1}^{n}(M_i - \overline{M})^2}{n-1}} = 0.7616\text{HBW}$$

相对分量为

$$u(x_2)_{\text{Repord,Rel}} = \frac{0.7616}{\overline{M}} = \frac{0.7616}{338.6} = 0.2249\%$$

(3)布氏硬度计示值误差引入的标准不确定度分量 $u(x_3)_E$ 或 $u(x_3)_{E,rel}$

根据 GB/T 231.2—2012,布氏硬度计示值的最大允许相对误差 E_{rel} 如下:

当 HBW≤125 时,$E_{\text{rel}} = \pm 3\%$;

当 $125 < \text{HBW} ≤ 225$ 时,$E_{\text{rel}} = \pm 2.5\%$;

当 HBW > 225 时,$E_{\text{rel}} = \pm 2\%$。

因为最大允许相对误差 E_{rel} 出现在区间$[-E_{\text{rel}} \sim +E_{\text{rel}}]$的概率是均匀的,并服从均匀分布,所以由此引入的不确定度分量为

$$u(x_3)_{E,rel} = \frac{\text{允许误差半宽 } E_{\text{rel}}}{\sqrt{3}} \qquad (2 - 5 - 12)$$

由式(2 - 5 - 12)可得到结果如下:

当 HBW≤125 时,$u(x_3)_{E,rel} = \frac{3\%}{\sqrt{3}} = 1.732\%$;

当 $125 < \text{HBW} ≤ 225$ 时,$u(x_3)_{E,rel} = \frac{2.5\%}{\sqrt{3}} = 1.443\%$;

当 HBW > 225 时,$u(x_3)_{E,rel} = \frac{2\%}{\sqrt{3}} = 1.155\%$。

对于本实例,布氏硬度计经国家计量部门检定,证书给出当 HBW≥200 时的最大示值误差为 $E_{\text{rel}} = -2.\%$,其间也有正误差,硬度计的最大允许示值误差的半宽为 2%,得到结果如下:

对于 1$^\#$试样(高),$u(x_3)_{1,E} = \overline{\text{HBW}}_1 \times u(x_3)_{E,rel} = 584 \times 1.155\% = 6.745$;

对 2$^\#$试样(中),$u(x_3)_{1,E} = \overline{\text{HBW}}_2 \times u(x_3)_{E,rel} = 337 \times 1.155\% = 3.892$;

对 3$^\#$试样(低),$u(x_3)_{1,E} = \overline{\text{HBW}}_3 \times u(x_3)_{E,rel} = 206 \times 1.155\% = 2.379$。

(4)硬度计计量溯源(使用标准硬度块)引入的标准不确定度分量 $u(x_4)_{Block}$

根据 GB/T 231.2—2012,对布氏硬度计的检验,即计量溯源有直接检验法和间接检验法,间接检验法适用于硬度计综合性能检验,也可独立地用于使用中的硬度计的定期常规检查。布氏硬度试验测量结果不确定度的评定采用综合法,因此,计量溯源所使用的布氏标准硬度块不均匀度引入的标准不确定度分量 $u(x_4)_{Block}$ 是采用硬度计间接检验的结果来进行。由于硬度计是采用间接的方式用标准硬度块进行计量溯源的,因此标准块的不均匀度或不确定度是这项分量的来源。

GB/T 231.3—2012 规定了布氏标准硬度块不均匀度的最大值 B_{max},则由此引入的不确定度分量为

$$u(x_4)_{Block} = \frac{\dfrac{B_{max}}{2}}{\sqrt{3}} = \frac{B_{max}}{\sqrt{12}} \qquad (2-5-13)$$

在某些情况下,如果布氏标准硬度块证书给出了硬度块的标准偏差 s_{Block},则

$$u(x_4)_{Block} = \frac{t \cdot s_{Block}}{\sqrt{n}} \qquad (2-5-14)$$

一般 $n = 5$, $t = 1.15$。

如果布氏标准硬度块证书给出了硬度块的扩展不确定度 U_{Block} 和包含因子 k_{Block},则

$$u(x_4)_{Block} = \frac{U_{Block}}{k_{Block}} \qquad (2-5-15)$$

根据 GB/T 231.3—2012,布氏标准硬度块不均匀度的最大值 $B_{max} = 2.0\%$,使用中布氏硬度计计量溯源引入的最大相对不确定度分量为

$$u(x_4)_{Block,rel} = \frac{B_{max}}{\sqrt{12}} = \frac{2.0\%}{\sqrt{12}} = 0.5774\%$$

在评定中,对于硬度计计量溯源引入的不确定度分量,只需根据标准硬度块证书的信息进行计算即可。

对 1# 试样(高), $u(x_4)_{1,Block} = \overline{HBW}_1 \times u(x_4)_{Block,rel} = 584 \times 0.005774 = 3.352$;

对 2# 试样(中), $u(x_4)_{1,Block} = \overline{HBW}_2 \times u(x_4)_{Block,rel} = 337 \times 0.005774 = 1.946$;

对 3# 试样(低), $u(x_4)_{1,Block} = \overline{HBW}_3 \times u(x_4)_{Block,rel} = 206 \times 0.005774 = 1.189$。

(5)硬度计测量不确定度引入的标准不确定度分量 $u(x_5)_{Had}$ 或 $u(x_5)_{Had,rel}$

如果布氏硬度计的检定证书给出了硬度计的扩展不确定度 $U(HBW)$ 或 $U_{rel}(HBW)$、k 值或者 $U_p(HBW)$ 或 $U_{p,rel}(HBW)$、p、ν_{eff},则所求分量为

$$u(x_5)_{Had} = \frac{U(HBW)}{k} \text{或} u(x_5)_{Had,rel} = \frac{U_{rel}(HBW)}{k} \qquad (2-5-16)$$

正态分布时

$$u(x_5)_{p,Had} = \frac{U_p(HBW)}{k_p} \text{或} u(x_5)_{p,Had,rel} = \frac{U_{p,rel}(HBW)}{k_p} \qquad (2-5-17)$$

t 分布时

$$u(x_5)_{p,Had} = \frac{U_p(HBW)}{t_p(\nu_{eff})} \text{或} u(x_5)_{p,Had,rel} = \frac{U_{p,rel}(HBW)}{t_p(\nu_{eff})} \qquad (2-5-18)$$

应注意,评定时如果硬度计的检定证书已给出了硬度计本身的扩展不确定度,那么由硬度计本身引入的不确定度分量由式(2-5-16)~式(2-5-18)求得。

必须强调,在评定不确定度时影响因素不能重复,也不能遗漏,重复会导致评定的不确定度过大,遗漏则会偏小。前文中评定了硬度试验最后结果的重复性(包括了硬度计本身的重复性)引入的分量 $u(x_1)_{Repeat}$ 或 $u(x_1)_{Rep\&NU}$,那么满足 GB/T 231.2—2012 规定的硬度计本身的示值重复性就不应再重复计入。另外,在评定硬度计本身的不确定度时硬度计的示值误差已经被考虑,第三个来源即硬度计示值误差引入的标准不确定度分量 $u(x_3)_E$ 或 $u(x_3)_{E,rel}$ 也不应再进行计算;否则造成了重复。

(6)试验结果数值修约引入的标准不确定度分量 $u(x_6)_{rou}$ 或 $u(x_6)_{rou,rel}$

根据 GB/T 231.1—2009,当布氏硬度试验结果 HBW $\geqslant$ 100 时,HBW 值修约为整数,即

修约间隔为 $\delta = 1$；当 $10.0 \leqslant HBW < 100$ 时，修约至一位小数，即修约间隔为 $\delta = 0.1$；当 $HBW < 10.0$ 时，修约至两位小数，即 $\delta = 0.01$。

当 $HBW \geqslant 100$ 时，由此所引入的不确定度分量为 $u(x_6)_{rou} = 0.29 \times \delta = 0.29 \times 1 = 0.29$。

此时，相对不确定度分量为

$$u(x_6)_{rou,rel} = \frac{0.029}{测量结果(HBW)} \qquad (2-5-19)$$

当 $10.0 \leqslant HBW < 100$ 时，$u(x_6)_{rou} = 0.29 \times \delta = 0.29 \times 0.1 = 0.029$。相对不确定度分量为

$$u(x_6)_{rou,rel} = \frac{0.029}{测量结果(HBW)} \qquad (2-5-20)$$

当 $HBW < 10.0$ 时，$u(x_6)_{rou} = 0.29 \times \delta = 0.29 \times 0.01 = 0.0029$。此时相对不确定度分量为

$$u(x_6)_{rou,rel} = \frac{0.0029}{测量结果(HBW)} \qquad (2-5-21)$$

对于本实例，因为测试结果皆大于 100，所以应用式（2-5-19）可得 1#试样（高）、2#试样（中）、3#试样（低）由数值修约引起的不确定度分量皆为

$$u(x_6)_{1rou} = u(x_6)_{2rou} = u(x_6)_{3rou} = 0.29 \times \delta = 0.29$$

而相对不确定度分量分别为

对 1#试样（高），$u(x_6)_{1rou,rel} = \dfrac{0.29}{测量结果(HBW)} = \dfrac{0.29}{584} = 0.04966\%$；

对 2#试样（中），$u(x_6)_{2rou,rel} = \dfrac{0.29}{测量结果(HBW)} = \dfrac{0.29}{337} = 0.08605\%$；

对 3#试样（低），$u(x_6)_{3rou,rel} = \dfrac{0.29}{测量结果(HBW)} = \dfrac{0.29}{206} = 0.1408\%$。

5. 合成标准不确定度及扩展不确定度的评定

（1）第一种情况：硬度计引入的分量由硬度计的综合性能指标来评定

如果检定证书给出了硬度计的综合性能，即示值误差及重复性的最大允许值，而未给出硬度计本身的扩展不确定度。那么，因试验重复性（包括材质的不均匀性、同一测量人员或不同测量人员操作差异及在满足 GB/T 231.1—2009 前提下试样加工和试验条件的差异等因素引入的不重复性以及所用硬度计的重复性等）导致的不确定度分量 $u(x_1)_{Repeat}$ 或 $u(x_1)_{Rep\&NU}$，以及硬度计复现性引入的标准不确定度分量 $u(x_2)_{Reprod}$、布氏硬度计示值误差引入的标准不确定度分量 $u(x_3)_E$、硬度计计量溯源引入的标准不确定度分量 $u(x_4)_{Block}$、试验结果数据修约引入的标准不确定度分量 $u(x_6)_{rou}$，之间彼此独立且不相关，并根据测量模型式（2-5-1），灵敏系数 $c_i = \dfrac{\partial y}{\partial x_i} = 1$，因而其绝对分量可按照分量方和根的公式进行合成。

注意，因为试验重复性分量 $u(x_1)_{Repeat}$ 或 $u(x_1)_{Rep\&NU}$ 中已包含了硬度计本身的重复性因素，所以证书给出的重复性最大允许值不能再考虑；否则造成重复。

1）若以单次测量值作为结果，则可合成为

$$
\begin{aligned}
u_{c1}(y) &= \sqrt{\sum_{i=1}^{n} u^2(x_i)} \\
&= \sqrt{u^2(x_1)_{Repeat} + u^2(x_2)_{Reprod} + u^2(x_3)_E + u^2(x_4)_{Block} + u^2(x_6)_{rou}}
\end{aligned}
\qquad (2-5-22)
$$

对于本实例,将表 2 – 5 – 2 的计算结果及各绝对分量的数据代入式(2 – 5 – 22)可分别得到

对 1$^{\#}$试样(高),

$$u_{c1,1}(y) = \sqrt{\sum_{i=1}^{n} u^2(x_i)} = \sqrt{2.827^2 + 0.7616^2 + 6.745^2 + 3.352^2 + 0.29^2} = 8.086$$

对 2$^{\#}$试样(中),

$$u_{c1,2}(y) = \sqrt{\sum_{i=1}^{n} u^2(x_i)} = \sqrt{2.728^2 + 0.7616^2 + 3.892^2 + 1.946^2 + 0.29^2} = 5.200$$

对 3$^{\#}$试样(低),

$$u_{c1,3}(y) = \sqrt{\sum_{i=1}^{n} u^2(x_i)} = \sqrt{4.749^2 + 0.7616^2 + 2.379^2 + 1.189^2 + 0.29^2} = 5.504$$

扩展不确定度 U 为合成标准不确定度 $u_c(y)$ 与包含因子 k 之乘积($k = 2$),包含概率约为 95%,本评定推荐使用;$k = 3$,包含概率约为 99%,某些情况下使用。为此,在评定中只要求给出 $u_c(y)$,则所求的扩展不确定度就可得到。于是有

对 1$^{\#}$试样(高),$U_{1,1} = ku_{c1,1}(y) = 2 \times 8.086 = 16.17 = 16$,相对扩展不确定度为

$$U_{1,1,\mathrm{rel}} = \frac{U_{1,1}}{\overline{\mathrm{HBW}}_1} = \frac{16}{584} = 2.7\%$$

对 2$^{\#}$试样(中),$U_{1,2} = ku_{c1,2}(y) = 2 \times 5.200 = 10.4 = 11$,相对扩展不确定度为

$$U_{1,2,\mathrm{rel}} = \frac{U_{1,2}}{\overline{\mathrm{HBW}}_2} = \frac{11}{337} = 3.3\%$$

对 3$^{\#}$试样(低),$U_{1,3} = ku_{c1,3}(y) = 2 \times 5.504 = 11.01 = 11$,相对扩展不确定度为

$$U_{1,3,\mathrm{rel}} = \frac{U_{1,3}}{\overline{\mathrm{HBW}}_3} = \frac{11}{206} = 5.3\%$$

2)若以多次测量值的平均值作为结果,则可合成为

$$u_{c2}(y) = \sqrt{\sum_{i=1}^{n} u^2(x_i)}$$

$$= \sqrt{u^2(x_1)_{\mathrm{Rep\&NU}} + u^2(x_2)_{\mathrm{Reprod}} + u^2(x_3)_E + u^2(x_4)_{\mathrm{Block}} + u^2(x_6)_{\mathrm{rou}}} \quad (2 – 5 – 23)$$

对于本实例,若以 3 次测试值的平均值作为结果,将相应的分量数据代入式(2 – 5 – 23),则可得到以下结果:

对 1$^{\#}$试样(高),$u_{c2,1}(y) = \sqrt{\sum_{i=1}^{n} u^2(x_i)}$

$$= \sqrt{1.632^2 + 0.7616^2 + 6.745^2 + 3.352^2 + 0.29^2} = 7.750$$

扩展不确定度为

$$U_{2,1} = ku_{c,2,1}(y) = 2 \times 7.750 = 15.5 = 16$$

相对扩展不确定度为

$$U_{2,1,\mathrm{rel}} = \frac{U_{2,1}}{\overline{\mathrm{HBW}}_1} = \frac{16}{584} = 2.7\%$$

对 2#试样（中），$u_{c2,2}(y) = \sqrt{\sum_{i=1}^{n} u^2(x_i)}$

$$= \sqrt{1.575^2 + 0.7616^2 + 3.892^2 + 1.946^2 + 0.29^2} = 4.699$$

扩展不确定度为

$$U_{2,2} = ku_{c2,2}(y) = 2 \times 4.699 = 9.398 = 10$$

相对扩展不确定度为

$$U_{2,2,rel} = \frac{U_{2,2}}{\overline{HBW}_2} = \frac{10}{337} = 3.0\%$$

对 3#试样（低），

$$u_{c2,3}(y) = \sqrt{\sum_{i=1}^{n} u^2(x_i)}$$

$$= \sqrt{2.742^2 + 0.7616^2 + 2.379^2 + 1.189^2 + 0.29^2} = 3.906$$

扩展不确定度为

$$U_{2,3} = ku_{c2,2}(y) = 2 \times 3.906 = 7.812 = 8$$

相对扩展不确定度为

$$U_{2,3,rel} = \frac{U_{2,3}}{\overline{HBW}_3} = \frac{8}{206} = 3.9\%$$

（2）第二种情况：硬度计引入的分量由硬度计的扩展不确定度来评定

在评定硬度计的扩展不确定度时，已经考虑了硬度计的示值误差、重复性等综合性能指标以及由计量溯源引入的不确定度因素，如果硬度计的检定证书给出了硬度计的扩展不确定度，那么这时只需考虑以下分量：试验最后结果的重复性引入的标准不确定度分量 $u(x_1)_{Repeat}$ 或 $u(x_1)_{Rep\&NU}$；硬度计复现性引入的标准不确定度分量 $u(x_2)_{Reprod}$；硬度计本身的测量不确定度引入的标准不确定度分量 $u(x_5)_{Had}$ 或 $u(x_5)_{Had,rel}$；试验结果数据修约引入的标准不确定度分量 $u(x_6)_{rou}$ 或 $u(x_6)_{rou,rel}$。需要说明，虽然第一个分量 $u(x_1)_{Repeat}$ 或 $u(x_1)_{Rep\&NU}$ 中包含了硬度计的重复性因素，此因素在硬度计本身的测量不确定度中已被包含，但一方面由于无法分离出来，另一方面数值所占比例很小，况且评定时可能还有一些因素没有考虑到，因而综合考虑可用上述 4 个分量进行合成。为了比对，所用硬度计经另一计量部门检定，结果给出了当 HBW≥125 时，$U_{rel}(HBW) = 1.4\%$（$k=2$）。所以，不确定度分量为

$$u(x_5)_{Had,rel} = \frac{U_{rel}(HBW)}{k} = \frac{1.4\%}{2} = 0.7\%$$

于是有

$$u(x_5)_{Had} = \overline{HBW} \times u(x_5)_{Had,rel} \qquad (2-5-24)$$

1）若以单次测量值作为结果，则合成不确定度为

$$u_{c3}(y) = \sqrt{\sum_{i=1}^{n} u^2(x_i)}$$

$$= \sqrt{u^2(x_1)_{Repeat} + u^2(x_2)_{Reprod} + u(x_5)_{Had}^2 + u^2(x_6)_{rou}} \qquad (2-5-25)$$

由式（2-5-24）、式（2-5-25）以及上述求出的分量数据，可分别得到结果如下：

对 1#试样（高），$u(x_5)_{Had,1} = u(x_5)_{Had,rel} \times \overline{HBW}_1 = 0.7\% \times 584 = 4.088$

$$u_{c3,1}(y) = \sqrt{\sum_{i=1}^{n} u^2(x_i)} = \sqrt{2.827^2 + 0.7616^2 + 4.088^2 + 0.29^2} = 5.037$$

扩展不确定度为

$$U_{3,1} = ku_{c3,1}(y) = 2 \times 5.037 = 10.074 = 10$$

相对扩展不确定度为

$$U_{3,1,\text{rel}} = \frac{U_{3,1}}{\overline{\text{HBW}}_1} = \frac{10}{584} = 1.7\%$$

对 $2^{\#}$ 试样(中), $u(x_5)_{\text{Had},2} = u(x_5)_{\text{Had,rel}} \times \overline{\text{HBW}}_2 = 0.7\% \times 337 = 2.359$

$$u_{c3,2}(y) = \sqrt{\sum_{i=1}^{n} u^2(x_i)} = \sqrt{2.728^2 + 0.7616^2 + 2.359^2 + 0.29^2} = 3.697$$

扩展不确定度为

$$U_{3,2} = ku_{c3,2}(y) = 2 \times 3.697 = 7.394 = 7$$

相对扩展不确定度为

$$U_{3,2,\text{rel}} = \frac{U_{3,2}}{\overline{\text{HBW}}_2} = \frac{7}{337} = 2.1\%$$

对 $3^{\#}$ 试样(低), $u(x_5)_{\text{Had},3} = u(x_5)_{\text{Had,rel}} \times \overline{\text{HBW}}_3 = 0.7\% \times 206 = 1.442$

$$u_{c3,3}(y) = \sqrt{\sum_{i=1}^{n} u^2(x_i)} = \sqrt{4.749^2 + 0.7616^2 + 1.422^2 + 0.29^2} = 5.024$$

扩展不确定度为

$$U_{3,3} = ku_{c3,3}(y) = 2 \times 5.024 = 10.048 = 10$$

相对扩展不确定度为

$$U_{3,3,\text{rel}} = \frac{U_{3,3}}{\overline{\text{HBW}}_3} = \frac{10}{206} = 4.9\%$$

2)若以多次测量值的平均值作为结果,则可合成为

$$u_{c4}(y) = \sqrt{\sum_{i=1}^{n} u^2(x_i)}$$
$$= \sqrt{u^2(x_1)_{\text{Rep\&NU}} + u^2(x_2)_{\text{Reprod}} + u(x_5)_{\text{Had}}^2 + u^2(x_6)_{\text{rou}}} \quad (2-5-26)$$

对于本实例,若以 3 次测试值的平均值作为结果,将相应的分量数据代入式(2-5-26),则可得到结果如下:

对 $1^{\#}$ 试样(高), $u_{c4,1}(y) = \sqrt{\sum_{i=1}^{n} u^2(x_i)} = \sqrt{1.632^2 + 0.7616^2 + 4.088^2 + 0.29^2} = 4.477$

扩展不确定度为

$$U_{4,1} = ku_{c4,1}(y) = 2 \times 4.477 = 8.954 = 9$$

相对扩展不确定度为

$$U_{4,1,\text{rel}} = \frac{U_{4,1}}{\overline{\text{HBW}}_1} = \frac{9}{584} = 1.5\%$$

对 $2^{\#}$ 试样(中), $u_{c4,2}(y) = \sqrt{\sum_{i=1}^{n} u^2(x_i)} = \sqrt{1.575^2 + 0.7616^2 + 2.359^2 + 0.29^2} = 2.951$

扩展不确定度为

$$U_{4,2} = ku_{c4,2}(y) = 2 \times 2.951 = 5.902 = 6$$

相对扩展不确定度为

$$U_{4,2,rel} = \frac{U_{4,2}}{\overline{HBW}_2} = \frac{6}{337} = 1.8\%$$

对 $3^{\#}$ 试样（低）, $u_{c4,3}(y) = \sqrt{\sum_{i=1}^{n} u^2(x_i)} = \sqrt{2.742^2 + 0.7616^2 + 1.442^2 + 0.29^2} = 3.203$

扩展不确定度为

$$U_{4,3} = ku_{c4,3}(y) = 2 \times 3.203 = 6.406 = 7$$

相对扩展不确定度为

$$U_{4,3,rel} = \frac{U_{4,3}}{\overline{HBW}_3} = \frac{7}{206} = 3.4\%$$

6. 测量不确定度报告

由 JJF 1059.1—2012 规定的测量不确定度报告有多种形式,本实例建议采用下列应用较广泛的报告形式,它由布氏硬度试验检测结果(应符合 GB/T 231.1—2009 的规定)、扩展不确定度 U 或 U_{rel}、包含因子 $k(k$ 取 2,包含概率约为 95%)三部分组成。

(1) 对于第一种情况(硬度计引起的分量由硬度计的综合性能指标来评定)的报告

1)若以任一次单次测量值作为结果,如 3 个试样都以第 1 人第 1 次测试值为结果(见表 2 – 5 – 1),则不确定度报告为

对 $1^{\#}$ 试样(高),585HBW5/750, $U_{1,1} = 16(U_{1,1,rel} = 2.7\%)(k=2)$;

对 $2^{\#}$ 试样(中),336HBW5/750, $U_{1,2} = 11(U_{1,2,rel} = 3.3\%)(k=2)$;

对 $3^{\#}$ 试样(低),205HBW5/750, $U_{1,3} = 11(U_{1,3,rel} = 5.3\%)(k=2)$。

对 $1^{\#}$ 试样报告的意义是:可以期望该试样单次测试的布氏硬度值在(585 HBW – 16HBW)至(585HBW + 16 HBW)的区间包含了该试样硬度测量结果可能值的 95%。

$2^{\#}$ 和 $3^{\#}$ 试样不确定度报告的意义与 $1^{\#}$ 试样相同,不再重述。

2)若以多次测量值的平均值作为结果,如 3 个试样都以第 1 人开头 3 次测试值的平均值为结果(见表 2 – 5 – 1),则不确定度报告为

对 $1^{\#}$ 试样(高),586HBW5/750, $U_{2,1} = 16(U_{2,1,rel} = 2.7\%)(k=2)$;

对 $2^{\#}$ 试样(中),336HBW5/750, $U_{2,2} = 10(U_{2,2,rel} = 3.0\%)(k=2)$;

对 $3^{\#}$ 试样(低),211HBW5/750, $U_{2,3} = 8(U_{2,3,rel} = 3.9\%)(k=2)$。

对 $2^{\#}$ 试样报告的意义是:可以期望该试样布氏硬度任 3 次测试的平均值在(336 HBW – 10HBW)至(336HBW + 10HBW)的区间包含了该试样布氏硬度 3 次测量结果平均值可能值的 95%。

$1^{\#}$ 和 $3^{\#}$ 试样不确定度报告的意义与 $2^{\#}$ 试样相同,不再重述。

(2)对于第二种情况(硬度计引入的分量由硬度计的扩展不确定度来评定)的报告

1)若以任一次单次测量值作为结果,如 3 个试样都以第 1 人第 1 次测试值为结果(见表 2 – 5 – 1),则不确定度报告为

对 $1^{\#}$ 试样(高), 585HBW5/750, $U_{3,1} = 10(U_{3,1,rel} = 1.7\%)(k=2)$;

对 $2^{\#}$ 试样（中）, 336HBW5/750, $U_{3,2}=7$（ $U_{3,2,\text{rel}}=2.1\%$ ）（ $k=2$ ）；

对 $3^{\#}$ 试样（低）, 205HBW5/750, $U_{3,3}=10$（ $U_{3,3,\text{rel}}=4.9\%$ ）（ $k=2$ ）。

不确定度报告的意义与上述相同，不再重复。

2）若以多次测量值的平均值作为结果，如 3 个试样都以第 1 人开头 3 次测试值的平均值为结果，则不确定度报告为

对 $1^{\#}$ 试样（高）, 586HBW5/750, $U_{4,1}=9$（ $U_{4,1,\text{rel}}=1.5\%$ ）（ $k=2$ ）；

对 $2^{\#}$ 试样（中）, 336HBW5/750, $U_{4,2}=6$（ $U_{4,2,\text{rel}}=1.8\%$ ）（ $k=2$ ）；

对 $3^{\#}$ 试样（低）, 211HBW5/750, $U_{4,3}=7$（ $U_{4,3,\text{rel}}=3.4\%$ ）（ $k=2$ ）。

不确定度报告的意义与上述相同，不再重复。

第三章　材料化学成分分析结果
测量不确定度评定实例

一、重铬酸钾滴定法测定铁矿石中全铁含量的测量不确定度评定

1. 概述

（1）方法依据

依据 GB/T 6730.65—2009《铁矿石　全铁含量的测定　三氯化钛还原重铬酸钾滴定法（常规方法）》进行分析。称取试料0.2g，精确至0.0001g，以盐酸溶解，不溶残渣过滤分离，灰化、灼烧后用焦硫酸钾熔融，盐酸浸取，用氨水回收氢氧化铁，合并于主液中。以氯化亚锡还原试液中大部分的三价铁，再以钨酸钠为指示剂，三氯化钛将剩余三价铁全部还原为二价至生成"钨蓝"，以稀重铬酸钾溶液氧化过剩的还原剂。在硫酸－磷酸介质中，以二苯胺磺酸钠为指示剂，用重铬酸钾标准滴定溶液滴定二价铁，计算全铁的质量分数。

（2）设备

电子天平：METTLER TOLEDO 公司 XP204S。

高温炉：温度适于控制在500℃～1000℃的范围。

所用滴定管、容量瓶和吸量管应符合 GB/T 12805—2011《实验试玻璃仪器　滴定管》、GB/T 12806—2011《实验试玻璃仪器　单标线容量瓶》和 GB/T 12808—2015《实验室玻璃仪器　单标线吸量管》的规定。

2. 测量模型

$$w = f(c, V_{滴}, m_{样}, M_{铁})$$

以函数形式表示为

$$w = \frac{c \times V_{滴} \times 0.001 \times M_{铁}}{m_{样}} \times 100 \qquad (3-1-1)$$

式中：w——样品的质量分数，%；

$\quad c$——重铬酸钾标准溶液浓度，mol/L；

$\quad M_{铁}$——Fe 的原子量，$M_{铁}=55.85$；

$\quad m_{样}$——试样称取量，g；

$\quad V_{滴}$——滴定所消耗重铬酸钾标准溶液体积，mL。

$$c = \frac{m_{基} \times 6}{M_{基} \times V_{容} \times 10^{-3}} \qquad (3-1-2)$$

式中：c——重铬酸钾标准溶液浓度，mol/L；

$\quad V_{容}$——定容体积，mL；

$m_{基}$—— 重铬酸钾称取量,g;

$M_{基}$——重铬酸钾摩尔质量,$M_{基}=294.18$,g/mol;

6——反应系数比。

3. 测量不确定度来源分析

本实例测定铁矿石中全铁的不确定度包括由系统效应引入的标准不确定度分量 $u_r(w_1)$、由随机效应引入的相对标准不确定度 $u_r(w_2)$。其中,系统效应引入的标准不确定度包括配制重铬酸钾标准溶液引入的相对标准不确定度分量 $u_r(c)$、由滴定容量定值引入的相对标准不确定度分量 $u_r(V_{滴})$、天平称量试样引入的相对标准不确定度分量 $u_r(m_{样})$,以及铁原子的相对分子质量的标准不确定度 $u_r(M_{铁})$。

4. 不确定度分量的评定

(1)由系统效应引入的标准不确定度分量 $u_r(w_1)$

1)配制重铬酸钾标准溶液引入的相对标准不确定度分量 $u_r(c)$

称取 2.4515g 预先 150 ℃ 干燥 2h 后的冷至室温的重铬酸钾基准试剂置于 300mL 烧杯中,加水溶解后定容于 1000mL 容量瓶中,由式(3-1-2)可知

$$c = \frac{m_{基} \times 6}{M_{基} \times V_{容}} = \frac{2.4515 \times 6}{294.18 \times 1000 \times 10^{-3}} = 0.0500 \text{mol/L}$$

a)由重铬酸钾纯度引入的相对标准不确定度分量 $u_r(p)$。查重铬酸钾纯度标准物质证书可知,纯度 p 为 99.99%,其扩展不确定度可视为 0.02 %($k=2$),由此引入的相对不确定度分量为

$$u_r(p) = \frac{U(p)}{k \times p} = \frac{0.02\%}{2 \times 99.99\%} = 1.00 \times 10^{-4}$$

b)天平称量重铬酸钾引入的相对标准不确定度分量 $u_r(m_{基})$。天平称量的不确定度因素包括重复性测定、天平校准的扩展不确定度。其中重复性测定的影响在下述(2)中体现。校准证书显示天平校准的扩展不确定度为 0.0002g($k=2$),转化为标准不确定度为 0.0001g。由试样称量引入的标准不确定度为

$$u(m_{基}) = 1.00 \times 10^{-4} \text{g}$$
$$u_r(m_{基}) = u(m_{基})/m_{基} = (1.0 \times 10^{-4})/2.4515 = 4.08 \times 10^{-5}$$

c)容量瓶的相对标准不确定度 $u_r(V_{容})$。系统效应引入的容量计量器具(包括容量瓶、移液管、滴定管等)的不确定度来源于器具体积定值的准确性引入的不确定度,根据 GB/T 12806—2011《实验室玻璃仪器单标线容量瓶》可知,V(单位为 mL)器具的最大允许差为 x(单位为 mL),其不确定度区间的半宽为 x(单位为 mL),允许出现在此区间的概率是均匀的,即服从均匀分布,由定值准确性引入的不确定度为($x/\sqrt{3}$);由系统效应引入的容量计量器具的相对标准不确定度可表示为

$$u_r(V) = \frac{(x/\sqrt{3})}{V} \tag{3-1-3}$$

配制重铬酸钾标准溶液所用容量瓶为 A 级 1000mL,由 GB/T 12806—2011 可知,最大允许差为 ±0.40mL,由式(3-1-3)可知,由此引入的相对标准不确定度为

$$u_r(V_{容}) = \frac{(x/\sqrt{3})}{V_{容}} = \frac{(0.4/\sqrt{3})}{1000} = 2.31 \times 10^{-4}$$

d)重铬酸钾分子质量的相对标准不确定度 $u_r(M_基)$。查1993年国际公布的元素相对原子质量表得

$$A_r(K) = 39.0983(1), A_r(Cr) = 51.9961(6), A_r(O) = 15.9994(3)$$

$$u[A_r(K)] = 0.0001, u[A_r(Cr)] = 0.0006, u[A_r(O)] = 0.0003$$

$$M_基 = 39.0983 \times 2 + 51.9961 \times 2 + 15.9994 \times 7 = 294.1846$$

$$u(M_基) = \sqrt{(2 \times 0.0001)^2 + (2 \times 0.0006)^2 + (7 \times 0.0003)^2} = 2.43 \times 10^{-3}$$

重铬酸钾分子量的相对标准不确定度可表示为

$$u_r(M_基) = (2.43 \times 10^{-3})/294.1846 = 8.26 \times 10^{-6}$$

由基准试剂重铬酸钾所配标准溶液浓度标准不确定度分量 $u_r(c_基)$ 为

$$u_r(c_基) = \sqrt{[u_r(p)]^2 + [u_r(m_基)]^2 + [u_r(V_容)]^2 + [u_r(M_基)]^2}$$

$$= \sqrt{(1.00 \times 10^{-4})^2 + (4.05 \times 10^{-5})^2 + (2.31 \times 10^{-4})^2 + (8.26 \times 10^{-6})^2}$$

$$= 2.55 \times 10^{-4}$$

2)滴定样品溶液消耗的重铬酸钾标液体积引入的相对标准不确定度分量 $u_r(V_基)$

滴定试样溶液采用50mL A级滴定管，最大允许差为 ±0.05mL，消耗重铬酸钾标液体积 $V_滴 = 42.40mL$，由式(3-1-3)可知

$$u_r(V_滴) = \frac{(x/\sqrt{3})}{V_滴} = \frac{(0.05/\sqrt{3})}{42.40} = 6.81 \times 10^{-4}$$

3)试样称样量由天平称量引入的相对标准不确定度分量 $u_r(m_样)$

试样称样量为0.2000g，天平称量试样引入的相对标准不确定度分量为

$$u_r(m_样) = u(m_样)/m_样 = (1.0 \times 10^{-4})/0.2000 = 5.0 \times 10^{-4}$$

4)铁的原子质量的相对标准不确定度 $u_r(M_铁)$

查1993年国际公布的元素相对原子质量表得

$$A_r(Fe) = 55.845(2), u[A_r(Fe)] = 0.002,$$

$$u_r(M_铁) = 0.002/55.845 = 3.6 \times 10^{-5}$$

由于各分量不相关，由系统效应引入的标准不确定度分量 $u_r(w_1)$ 为

$$u_r(w_1) = \sqrt{[u_r(c)]^2 + [u_r(V_滴)]^2 + [u_r(M_铁)]^2 + [u_r(m_样)]^2}$$

$$= \sqrt{(2.55 \times 10^{-4})^2 + (6.81 \times 10^{-4})^2 + (3.6 \times 10^{-5})^2 + (5.0 \times 10^{-4})^2}$$

$$= 8.83 \times 10^{-4}$$

(2)由随机效应引入的相对标准不确定度 $u_r(w_2)$

由于由随机效应引入的不确定度因素较多，在此用合并样本标准差方法来计算，取历年来 h 个同类分析数据平行测定的分析值 (x_1, x_2) 之差 Δ，根据贝塞尔公式求出差值 Δ 的实验标准差 $s(\Delta)$，单次测量的标准差 $s(x_i)$ 与 $s(\Delta)$ 之间有 $\sqrt{2}s(x_i) = s(\Delta)$ 的关系。实际操作中，以两次小于重复性限的独立测定结果的平均值作为测定结果报出，因此由随机效应引入的标准不确定度 $u(w_2)$ 与 $s(x_i)$ 之间有 $u(w_2) = s(x_i)/\sqrt{2}$ 的关系。

$$u(w_2) = \frac{s(x_i)}{\sqrt{2}} = \left(\frac{s(\Delta)}{\sqrt{2}}\right)/\sqrt{2} = \sqrt{\frac{1}{2(h-1)}\sum_{i=1}^{h}(\Delta_i - \overline{\Delta})^2}/\sqrt{2} \quad (3-1-4)$$

式中：$\overline{\Delta} = \dfrac{\sum\limits_{i=1}^{h} \Delta_i}{h}$。

由于每次的平行测定从称样至测定均为同时进行,采用其差值进行统计,系统效应所带来的影响有相互抵消的作用,其各个差值的差异主要反映了由随机效应所引入的不确定度,这就是本实例评定的依据。

收集本实验室历年同类试样的分析数据,见表3－1－1。

表3－1－1　历年同类分析数据统计

i	1	2	3	4	5	6	7
x_{1i}	56.14	55.86	57.82	59.03	58.32	57.15	59.31
x_{2i}	56.08	55.91	57.86	58.97	58.27	57.21	59.32
$\Delta_i = \mid x_{1i} - x_{2i} \mid$	0.06	0.05	0.04	0.06	0.05	0.06	0.01
i	8	9	10	11	12	13	14
x_{1i}	56.67	55.53	54.49	57.59	57.29	58.48	58.76
x_{2i}	56.62	55.49	54.57	57.65	57.31	58.53	58.81
$\Delta_i = \mid x_{1i} - x_{2i} \mid$	0.05	0.04	0.08	0.06	0.02	0.05	0.05

将表3－1－1数据代入式(3－1－4),可得 $u(w_2) = 0.00877\%$。由

$$w_1 = \frac{c \times V_{\text{滴}} \times 0.001 \times 55.85}{m_{\text{样}}} \times 100 = \frac{0.0500 \times 42.40 \times 0.001 \times 55.85}{0.2000} \times 100 = 59.201\%$$

同时进行的另一个独立测定结果为 $w_2 = 59.328\%$。

取两次独立测定的平均值作为报告结果为

$$\overline{w} = \frac{w_1 + w_2}{2} = \frac{59.201\% + 59.328\%}{2} = 59.264\%$$

可得

$$u_r(w_2) = \frac{u(w_2)}{\overline{w}} = \frac{0.00877\%}{59.264\%} = 1.47 \times 10^{-4}$$

5. 计算合成标准不确定度

本实例评定中涉及相对标准不确定度分量汇总见表3－1－2。

表3－1－2　相对标准不确定度分量汇总

不确定度分量	不确定度来源	标准不确定度
$u_r(w_1)$	系统效应	$u_r(w_1) = 8.83 \times 10^{-4}$
	－重铬酸钾配制	$u_r(c) = 2.88 \times 10^{-4}$
	－重铬酸钾纯度	$u_r(p) = 1.00 \times 10^{-4}$
	－天平称量重铬酸钾	$u_r(m_{\text{基}}) = 4.08 \times 10^{-5}$
	－容量瓶体积定值	$u_r(V_{\text{容}}) = 2.31 \times 10^{-4}$
	－重铬酸钾分子量	$u_r(M_{\text{基}}) = 8.26 \times 10^{-6}$

表 3 - 1 - 2(续)

不确定度分量	不确定度来源	标准不确定度
$u_r(w_1)$	-滴定管体积	$u_r(V_滴)=6.81\times10^{-4}$
	-天平称量试样	$u_r(m_样)=5.0\times10^{-4}$
	-铁的原子量	$u_r(M_铁)=3.6\times10^{-5}$
$u_r(w_2)$	随机效应	$u_r(w_2)=1.47\times10^{-4}$

由于 w_1 和 w_2 彼此不相关,相对合成标准不确定度为

$$u_{c,r}(w)=\sqrt{[u_r(w_1)]^2+[u_r(w_2)]^2}=\sqrt{(8.83\times10^{-4})^2+(1.47\times10^{-4})^2}=8.95\times10^{-4}$$

合成标准不确定度为

$$u_c(w)=\overline{w}\times u_{c,r}(w)=59.264\%\times8.95\times10^{-4}=0.053\%$$

6. 扩展不确定度的评定

取 $k=2$,扩展不确定度为

$$U=k\times u_c(w)=2\times0.053\%=0.106\%$$

7. 测量不确定度报告

本实例依据 GB/T 6730.65—2009,测定铁矿石中全铁含量的测量不确定度报告可表示为

$$w=(59.26\pm0.11)\%\ (k=2)$$

二、乙酸锌返滴定 EDTA 容量法测定高铝耐火材料中氧化铝含量的测量不确定度评定

1. 概述

(1)方法依据

依据 GB/T 6900—2006《铝硅系耐火材料化学分析方法》中"9.1 乙酸锌返滴定 EDTA 容量法"进行分析。称取适量试料,精确至 0.0001g,在铂坩埚中以混合溶剂熔融,稀盐酸浸取,氢氧化钠分离铁、钛、锆后,加过量 EDTA 标准溶液,在弱酸性溶液中与铝络合,用二甲酚橙作指示剂,用乙酸锌标准滴定溶液回滴过量的 EDTA,借以求得氧化铝的含量。

(2)设备

电子天平:METTLER TOLEDO 公司 XP204S。

高温炉:温度适于控制在 500℃~1000℃ 的范围。

所用滴定管、容量瓶和吸量管应符合 GB/T 12805—2011、GB/T 12806—2011 和 GB/T 12808—2015 的规定。

2. 测量模型

$$w=f(c_基,V_基,m_样,k,V)$$

以函数形式表示为

$$w=\frac{c_基\times(V_基-k\times V)\times0.001}{m_样\times L}\times\frac{M_{氧化铝}}{2}\times100 \qquad (3-2-1)$$

式中：w——样品的质量分数含量，%；

　　$c_基$——基准试剂 EDTA 所配标准溶液浓度，mol/L；

　　$m_样$——试样称取量，g；

　　$V_基$——预先过量加入的 EDTA 标准溶液体积，mL；

　$M_{氧化铝}$——氧化铝的原子量；

　　V——滴定消耗锌标准溶液体积，mL；

　　L——试样溶液的分取比例；

　　k——标定系数，EDTA 标准溶液与锌标液标准溶液的换算系数。

$$c_基 = \frac{m_基}{M_基 \times V_容 \times 10^{-3}} \qquad (3-2-2)$$

式中：$V_容$——定容体积，mL；

　　$m_基$——EDTA 称取量，g；

　　$M_基$——EDTA 摩尔质量，g/mol。

$$k = \frac{V_1}{V_2} \qquad (3-2-3)$$

式中：V_1——移取 EDTA 标准溶液体积，mL；

　　V_2——标定消耗的锌标准溶液体积的平均值，mL。

3. 测量不确定度来源分析

本实例测定高铝耐火材料中氧化铝含量的测量不确定度包括由系统效应引入的标准不确定度分量 $u_r(w_1)$、由随机效应引入的相对标准不确定度 $u_r(w_2)$。其中，系统效应引入的标准不确定度包括配制 EDTA 标液引入的相对标准不确定度分量 $u_r(c_基)$、由标定系数 k 引入的相对标准不确定度 $u_r(k)$、由分取比 L 引入的相对标准不确定度分量 $u_r(L)$、预先加入过量的 EDTA 标准溶液体积 $V_基$ 引入的标准不确定度分量 $u_r(V_基)$、滴定试样溶液消耗的锌标液体积引入的相对标准不确定度分量 $u_r(V)$、天平称量试样引入的相对标准不确定度分量 $u_r(m_样)$，以及氧化铝分子质量的相对标准不确定度 $u_r(M_基)$。

4. 不确定度分量的评定

（1）由系统效应引入的标准不确定度分量 $u_r(w_1)$

1）配制 EDTA 标液引入的相对标准不确定度分量 $u_r(c_基)$

称取 9.3075g 预先 150℃ 干燥 2h 后的冷至室温的 EDTA 基准试剂置于 300mL 烧杯中，溶解后定容于 1000mL 容量瓶中，由式（3-2-2）可知

$$c_基 = \frac{m_基}{M_基 \times V_容} = \frac{9.3075}{372.2999 \times 1000 \times 10^{-3}} = 0.025 \text{mol/L}$$

a）由 EDTA 纯度引入的相对标准不确定度分量 $u_r(p)$。查 EDTA 纯度标准物质证书知，纯度 p 为 99.97%，其扩展不确定度可视为 0.03%（$k=2$），由此引入的相对不确定度分量为

$$u_r(p) = \frac{U(p)}{k \times p} = \frac{0.03\%}{2 \times 99.97\%} = 1.50 \times 10^{-4}$$

b）天平称量 EDTA 引入的相对标准不确定度分量 $u_r(m_基)$。天平称量的不确定度因素包括重复性测定、天平校准的扩展不确定度。其中重复性测定的影响在本节 2. 中体现。校

准证书显示天平校准的扩展不确定度为 0.0002g($k=2$),转化为标准不确定度为 0.0001g。由试样称量引入的标准不确定度为

$$u(m_{基}) = 1.00 \times 10^{-4}\,\text{g}$$

$$u_r(m_{基}) = u(m_{基})/m_{基} = (1.0 \times 10^{-4})/9.3075 = 1.07 \times 10^{-5}$$

c)容量瓶的相对标准不确定度 $u_r(V_{容})$。系统效应引入的容量计量器具(包括容量瓶、移液管、滴定管等)的不确定度来源于器具体积定值的准确性引入的不确定度,根据 GB/T 12806—2011《实验室玻璃仪器单标线容量瓶》可知,V(单位为 mL)器具的最大允许差为 x(单位为 mL),其不确定度区间的半宽为 x(单位为 mL),允许出现在此区间的概率是均匀的,即服从均匀分布,由定值准确性引入的不确定度为($x/\sqrt{3}$);由系统效应引入的容量计量器具的相对标准不确定度为

$$u_r(V) = \frac{(x/\sqrt{3})}{V} \qquad (3-2-4)$$

配制重铬酸钾标准溶液所用容量瓶为 A 级 1000mL,查 GB/T 12806—2011《实验室玻璃仪器单标线容量瓶》可知,最大允许差为 ±0.40mL,由式(3-2-4)引入的相对标准不确定度为

$$u_r(V_{容}) = \frac{(x/\sqrt{3})}{V_{容}} = \frac{(0.4/\sqrt{3})}{1000} = 2.31 \times 10^{-4}$$

d)EDTA 相对分子质量的相对标准不确定度 $u_r(M_{基})$。查 1993 年国际公布的元素相对原子质量表得

$$A_r(C) = 12.017(8),\ A_r(H) = 1.00794(7),\ A_r(N) = 14.0067(2),$$
$$A_r(O) = 15.9994(3),\ A_r(Na) = 22.98976928(2),\ u[A_r(C)] = 0.008,$$
$$u[A_r(H)] = 0.00007,\ u[A_r(N)] = 0.0002,\ u[A_r(O)] = 0.0003,$$
$$u[A_r(Na)] = 0.00000002$$

$$M_{基} = 12.017 \times 10 + 1.00794 \times 18 + 14.0067 \times 2 + 15.9994 \times 10 + 22.98976928 \times 2$$
$$= 372.2999$$

EDTA 分子质量的相对标准不确定度可表示为

$$u[M_{基}] = \sqrt{\{10 \times u[A_r(C)]\}^2 + \{18 \times u[A_r(H)]\}^2 +}$$
$$\sqrt{\{2 \times u[A_r(N)]\}^2 + \{10 \times u[A_r(O)]\}^2 + \{2 \times A_r(Na)\}^2}$$
$$= \sqrt{(10 \times 0.008)^2 + (18 \times 0.00007)^2 + (2 \times 0.0002)^2 +}$$
$$\sqrt{(10 \times 0.0003)^2 + (2 \times 0.00000002)^2}$$
$$= 8.01 \times 10^{-2}$$

$$u_r(M_{基}) = (8.01 \times 10^{-2})/372.2999 = 2.15 \times 10^{-4}$$

由基准试剂 EDTA 所配标准溶液浓度标准不确定度分量 $u_r(c_{基})$ 为

$$u_r(c_{基}) = \sqrt{u_r[(p)]^2 + [u_r(m_{基})]^2 + [u_r(V_{容})]^2 + [u_r(M_{基})]^2}$$
$$= \sqrt{(1.50 \times 10^{-4})^2 + (3.12 \times 10^{-6})^2 + (2.31 \times 10^{-4})^2 + (2.15 \times 10^{-4})^2}$$
$$= 3.49 \times 10^{-4}$$

2）由标定系数 k 引入的相对标准不确定度 $u_r(k)$

a）标定时分取 EDTA 标准溶液引入的相对标准不确定度分量 $u_r(V_1)$。采用 A 级 20mL 移液管分取 EDTA 标准溶液体积 $V_1 = 20.0\text{mL}$，该 A 级 20mL 移液管最大允许差 $x = \pm0.030\text{mL}$，由式（3-2-4）得

$$u_r(V_1) = \frac{(x/\sqrt{3})}{V_1} = \frac{(0.03/\sqrt{3})}{20} = 8.66 \times 10^{-4}$$

b）标定时滴定消耗的锌标液体积引入的相对标准不确定度分量 $u_r(V_2)$。采用 A 级 50mL 滴定管，最大允许差 $x = \pm0.050\text{mL}$，消耗锌标准溶液体积 $V_2 = 21.40\text{mL}$，由式（3-2-4）得

$$u_r(V_2) = \frac{(x/\sqrt{3})}{V_1} = \frac{(0.05/\sqrt{3})}{21.4} = 1.60 \times 10^{-3}$$

故由标定系数 k 引入的相对标准不确定度为

$$u_r(k) = \sqrt{[u_r(V_1)]^2 + [u_r(V_2)]^2}$$
$$= \sqrt{(8.66 \times 10^{-4})^2 + (1.35 \times 10^{-3})^2} = 1.60 \times 10^{-3}$$

3）由分取比 L 引入的相对标准不确定度分量 $u_r(L)$

溶液定容于 A 级 250mL 容量瓶中，该容量瓶的最大允许差为 0.15mL，用 A 级 50mL 移液管分取母液 50.00mL 于烧杯中，A 级 50mL 移液管的最大允许差为 0.05mL，L 为稀释因子，$L = V_{移1}/V_{容1} = 50.00/250.00 = 1/5$，由式（3-2-4）得

$$u_r(V_{容1}) = \frac{x/\sqrt{3}}{V_{容1}} = \frac{0.15/\sqrt{3}}{250} = 3.46 \times 10^{-4}$$

$$u_r(V_{移1}) = \frac{x/\sqrt{3}}{V_{移1}} = \frac{0.05/\sqrt{3}}{50} = 5.77 \times 10^{-4}$$

由稀释引入的相对不确定度分量为

$$u_r(L) = \sqrt{(3.46 \times 10^{-4})^2 + (5.77 \times 10^{-4})^2} = 6.72 \times 10^{-4}$$

4）预先过量加入的 EDTA 标准溶液体积引入的标准不确定度分量 $u_r(V_基)$

采用 A 级 50mL 移液管加入 EDTA 标准溶液 50.00mL，该移液管最大允许差 $x = \pm0.05\text{mL}$，由式（3-2-4）得

$$u_r(V_基) = \frac{(x/\sqrt{3})}{V_基} = \frac{(0.05/\sqrt{3})}{50} = 5.77 \times 10^{-4}$$

5）滴定试样溶液消耗的锌标液体积引入的相对标准不确定度分量 $u_r(V)$

采用 A 级 50mL 滴定管，最大允许差 $x = \pm0.05\text{mL}$，消耗锌标准溶液体积 $V = 38.12\text{mL}$，由式（3-2-4）得

$$u_r(V) = \frac{(x/\sqrt{3})}{V} = \frac{(0.05/\sqrt{3})}{38.12} = 7.57 \times 10^{-4}$$

6）天平称量试样引入的相对标准不确定度分量 $u_r(m_样)$

试样称样量为 0.2025g，天平称量试样引入的相对标准不确定度分量为

$$u_r(m_样) = u(m_样)/m_样 = (1.0 \times 10^{-4})/0.2500 = 4.0 \times 10^{-4}$$

7）氧化铝相对分子质量的相对标准不确定度 $u_r(m_{氧化铝})$

查 1993 年国际公布的元素相对原子质量表得

$$A_r(Al) = 26.9815376(8), A_r(O) = 15.9994(3)$$

$$u[A_r(\mathrm{Al})] = 0.0000008, u[A_r(\mathrm{O})] = 0.0003$$
$$M_{氧化铝} = 26.9815386 \times 2 + 15.9994 \times 3 = 101.9613$$
$$u(M_{氧化铝}) = \sqrt{(2 \times 0.0000008)^2 + (3 \times 0.0003)^2} = 9.00 \times 10^{-4}$$

氧化铝相对分子质量的相对标准不确定度可表示为

$$u_r(M_{氧化铝}) = (9.00 \times 10^{-4})/101.9613 = 8.83 \times 10^{-6}$$

由于式(3-2-1)较为复杂,可进行简化。

令

$$G = k \times V = (20/21.4) \times 38.12 = 35.626 \mathrm{mL}$$

再令

$$H = V_{基} - k \times V = V_{基} - G = 50 - 35.626 = 14.374 \mathrm{mL}$$

根据本节"4.不确定度分量的评定"(1)中2)

$$u(k) = u_{rel}(k) \times k = 1.6 \times 10^{-3} \times \frac{20}{21.4} = 1.5 \times 10^{-3}$$

$$u(G) = \sqrt{[U(k) \times V]^2 + [k \times u(V)]^2}$$
$$= \sqrt{(0.0015 \times 38.12)^2 + \left(\frac{20}{21.4} \times \frac{0.05}{\sqrt{3}}\right)^2}$$
$$= \sqrt{0.0572^2 + 0.027^2} = 0.0632$$

$$u(H) = \sqrt{[u(V_{基})]^2 + [u(G)]^2} = \sqrt{(0.0288)^2 + (0.0632)^2} = 0.0695 \mathrm{mL}$$

$$u_r(H) = u(H)/H = 0.0695/14.374 = 4.84 \times 10^{-3}$$

由系统效应引入的标准不确定度分量 $u_r(w_1)$ 为

$$u_r(w_1) = \sqrt{[u_r(c_{基})]^2 + [u_r(H)]^2 [u_r(m_{样})]^2 + [u_r(L)]^2 + [u_r(M_{氧化铝})]^2}$$
$$= \sqrt{(3.49 \times 10^{-4})^2 + (4.84 \times 10^{-3})^2 + (4 \times 10^{-4})^2 + (6.72 \times 10^{-4})^2 + (8.83 \times 10^{-6})^2}$$
$$= 4.91 \times 10^{-3}$$

(2)由随机效应引入的相对标准不确定度 $u_r(w_2)$

由随机效应引入的不确定度因素较多,在此用合并样本标准差方法来计算,取历年来 h 个同类分析数据平行测定的分析值 (x_1, x_2) 之差 Δ,根据贝塞尔公式求出差值 Δ 的实验标准差 $s(\Delta)$,单次测量的标准差 $s(x_i)$ 与 $s(\Delta)$ 之间有 $\sqrt{2}s(x_i) = s(\Delta)$ 的关系。

$$u(w_2) = s(x_i) = \frac{s(\Delta)}{\sqrt{2}} = \sqrt{\frac{1}{2(h-1)}\sum_{i=1}^{h}(\Delta_i - \overline{\Delta})^2} \qquad (3-2-5)$$

式中: $\overline{\Delta} = \dfrac{\sum\limits_{i=1}^{h}\Delta_i}{h}$。

由于每次的平行测定过程从试样处理开始均为同步进行,采用其差值进行统计,系统效应所带来的影响有相互抵消作用,其各个差值的差异反映了由随机效应引入的不确定度。收集本实验室历年同类试样分析数据,见表3-2-1。

将表3-2-1数据代入式(3-2-5),可知 $u(w_2) = 1.24 \times 10^{-4}$。由

$$w = \frac{c_{基} \times (V_{基} - k \times V) \times 0.001}{m_{样} \times L} \times \frac{M_{氧化铝}}{2} \times 100 = 36.653\%$$

得

$$u_r(w_2) = \frac{u(w_2)}{w} = \frac{1.24 \times 10^{-4}}{36.653\%} = 3.38 \times 10^{-4}$$

表 3-2-1　历年同类分析数据统计

i	1	2	3	4	5	6	7
x_{1i}	18.93	17.54	17.67	18.92	15.12	16.33	15.66
x_{2i}	18.85	17.61	17.61	18.96	15.06	16.30	15.62
$\Delta_i = \lvert x_{1i} - x_{2i} \rvert$	0.08	0.07	0.06	0.04	0.06	0.03	0.04
i	8	9	10	11	12	13	14
x_{1i}	17.55	16.62	15.53	17.43	16.37	18.56	16.27
x_{2i}	17.51	16.57	15.46	17.40	16.42	18.52	16.25
$\Delta_i = \lvert x_{1i} - x_{2i} \rvert$	0.04	0.05	0.04	0.03	0.05	0.04	0.02

$u_r(w_2)$ 反映的是试样单次测量随机效应引入的不确定度,本实例中以单次测量结果作为最后报告结果。实际应用中若以两次独立测定结果的平均值报告结果,则随机效应引入的不确定度评定可参见本章"一、重铬酸钾滴定法测定铁矿石中全铁含量的测量不确定度评定"。

5. 计算合成标准不确定度

本实例评定中涉及的相对标准不确定度分量汇总见表 3-2-2。

表 3-2-2　相对标准不确定度分量汇总

不确定度分量	不确定度来源	标准不确定度
$u_r(w_1)$	系统效应	$u_r(w_1) = 4.91 \times 10^{-3}$
	- EDTA 配制	$u_r(c_{基}) = 3.49 \times 10^{-4}$
	- EDTA 纯度	$u_r(p) = 1.50 \times 10^{-4}$
	· 天平称量 EDTA	$u_r(m_{基}) = 1.07 \times 10^{-5}$
	· 容量瓶体积	$u_r(V_{容}) = 2.31 \times 10^{-4}$
	· 基准试剂分子质量	$u_r(M_{基}) = 2.15 \times 10^{-4}$
	- 标定系数 k	$u_r(k) = 1.60 \times 10^{-3}$
	· 移取 EDTA 标准溶液体积	$u_r(V_1) = 8.66 \times 10^{-4}$
	· 消耗锌标准溶液体积	$u_r(V_2) = 1.35 \times 10^{-3}$
	- 分取比 L	$u_r(L) = 6.72 \times 10^{-4}$
	- 滴定试样消耗的锌标液体积	$u_r(V) = 7.57 \times 10^{-4}$
	- 试样天平称量	$u_r(m_{样}) = 4.0 \times 10^{-4}$
	- 氧化铝的分子质量	$u_r(m_{氧化铝}) = 8.83 \times 10^{-6}$
$u_r(w_2)$	随机效应	$u_r(w_2) = 3.38 \times 10^{-4}$

由于 w_1 和 w_2 彼此不相关,相对合成标准不确定度为

$$u_{c,r}(w) = \sqrt{[u_r(w_1)]^2 + [u_r(w_2)]^2} = \sqrt{(4.91 \times 10^{-3})^2 + (3.38 \times 10^{-4})^2}$$
$$= 4.92 \times 10^{-3}$$

合成标准不确定度为

$$u_c(w) = \overline{w} \times u_{c,r}(w) = 36.653\% \times 4.92 \times 10^{-3} = 0.18\%$$

6. 扩展不确定度的评定

取 $k = 2$，扩展不确定度为

$$U = k \times u_c(w) = 2 \times 0.180\% = 0.36\%$$

7. 测量不确定度报告

本实例依据 GB/T 6900—2006《铝硅系耐火材料化学分析方法》中"9.1 乙酸锌返滴定 EDTA 容量法测定氧化铝"的测量不确定度报告可表示为

$$w = (36.64 \pm 0.36)\% \ (k = 2)$$

三、基于蒙特卡罗法的返滴定 EDTA 容量法测定高铝耐火材料中氧化铝含量的测量不确定度评定

1. 概述

（1）方法依据

依据 GB/T 6900—2006《铝硅系耐火材料化学分析方法》中"9.1 乙酸锌返滴定 EDTA 容量法"进行分析。称取适量试料，精确至 0.0001g，在铂坩埚中以混合溶剂熔融，稀盐酸浸取，氢氧化钠分离铁、钛、锆后，加过量 EDTA 标准溶液，在弱酸性溶液中与铝络合，用二甲酚橙作指示剂，用乙酸锌标准滴定溶液回滴过量的 EDTA，借以求得氧化铝的含量。

（2）设备

电子天平：METTLER TOLEDO 公司 XP204S。

高温炉：温度适于控制在 500℃～1000℃ 的范围。

所用滴定管、容量瓶和吸量管应符合 GB/T 12805—2011、GB/T 12806—2011 和 GB/T 12808—2015 的规定。

2. 采用蒙特卡罗法的评定步骤

采用蒙特卡罗法（Monte Carlo Method，简称 MC 法）进行评定涉及大量数值模拟和计算，需要借助计算软件来实现，目前一些大型工具软件，如 MathCAD、MatLab 等具备相关功能。考虑到便利及费用等因素，选择由软件公司开发的专用软件来实现该模拟和计算。

利用专用软件进行测量不确定度的步骤包括建立测量模型、定义 MC 法样本数 n、定义测量模型中自变量的统计信息，以及计算平均值和标准不确定度。

（1）建立测量的测量模型

$$w = \frac{c_{\text{基}} \times (V_{\text{基}} - k \times V) \times 0.001}{m_{\text{样}} \times L} \times \frac{M_{\text{氧化铝}}}{2} \times 100 \qquad (3-3-1)$$

式中：w——样品的质量分数，%；

$\quad c_{\text{基}}$——基准试剂 EDTA 所配标准溶液浓度，mol/L；

$\quad m_{\text{样}}$——试样称取量，g；

$V_{基}$——预先过量加入的 EDTA 标准溶液体积,mL;

$m_{氧化铝}$——氧化铝的相对分子质量;

V——滴定消耗锌标准溶液体积,mL;

L——试样溶液的分取比例;

k——标定系数,EDTA 标准溶液与锌标液标准溶液的换算系数。

$$c_{基} = \frac{m_{基}}{M_{基} \times V_{容} \times 10^{-3}} \qquad (3-3-2)$$

式中:$V_{容}$——EDTA 定容体积,mL;

$m_{基}$——EDTA 称取量,g;

$M_{基}$——EDTA 相对分子质量。

$$k = \frac{V_1}{V_2} \qquad (3-3-3)$$

式中:V_1——移取 EDTA 标准溶液体积,mL;

V_2——标定消耗的锌标准溶液体积的平均值,mL。

$$L = \frac{V_{移1}}{V_{容1}} \qquad (3-3-4)$$

式中:$V_{移1}$——用于滴定的试样溶液分取体积,mL;

$V_{容1}$——试样溶液消解后定容体积,mL。

所以测量模型可具体为

$$w = \frac{m_{基}[V_{基} - (V_1/V_2) \times V]0.001 \cdot M_{氧化铝} \cdot V_{容1}}{M_{基} \cdot V_{容} \cdot 10^{-3} \cdot m_{样} \cdot V_{移1}} \cdot \frac{p \cdot \delta}{2} \times 100 \qquad (3-3-5)$$

式中,考虑到 MC 法计算测量不确定度的需要,随机效应对测量结果的影响记作 δ,在计算测量结果时其值看作 1。影响不确定度的量一共有 17 个,为表示方便,分别以 $x_1 \sim x_{17}$ 17 个字母表示,测量模型可改写为

$$f(x) = \frac{x_1[x_2 - (x_3/x_4) \times x_5]x_{14} \times x_6 \times x_7 \times x_{12} \times x_{13} \times x_{15}}{x_8 \times x_9 \times x_{16} \times x_{10} \times x_{11} \times x_{17}} \qquad (3-3-6)$$

式中:x_1——$m_{基}$,EDTA 称取量,g;

x_2——$V_{基}$,预先过量加入的 EDTA 标准溶液体积,mL;

x_3——V_1,移取 EDTA 标准溶液体积,mL;

x_4——V_2,标定消耗的锌标准溶液体积的平均值,mL;

x_5——V,滴定消耗锌标准溶液体积,mL;

x_6——$M_{氧化铝}$,氧化铝的相对分子质量;

x_7——$V_{容1}$,试样溶液消解后定容体积,mL;

x_8——$M_{基}$,EDTA 相对分子质量;

x_9——$V_{容}$,EDTA 定容体积,mL;

x_{10}——$m_{样}$,试样称取量,g;

x_{11}——$V_{移1}$,用于滴定的试样溶液分取体积,mL;

x_{12}——p,基准试剂纯度;

x_{13}——δ,随机效应引入的不确定度分量;

x_{14}——0.001，单位转化系数2；

x_{15}——100，百分含量转换；

x_{16}——10^{-3}，单位转化系数1；

x_{17}——2，一个氧化铝分子相当两个铝原子。

（2）确定MC法的试验次数

根据JJF 1059.2—2012《用蒙特卡罗法评定测量不确定度》中4.3.2"取值应远大于1/$(1-p)$的10^4倍"，假设为输出量提供95%的包含区间，p为0.05%，MC法试验次数n值定为10^6，将n为10^3和10^4时的结果作为比对值。

（3）定义测量模型中自变量的统计信息

因涉及输入量较多，相关原始数据信息见本章中"二、乙酸锌返滴定EDTA容量法测定高铝耐火材料中氧化铝含量的测量不确定度评定"。

考虑到MC法计算测量不确定度的需要，应将随机效应对测量不确定度的影响在测量模型中体现出来，但又不能影响氧化铝含量测量结果的计算，故将其以δ表示，在计算测量结果时其值看作1，它的标准偏差$u(\delta) = \dfrac{s(x_i)}{w}$。

由随机效应引入的不确定度因素较多，在此用合并样本标准差方法来计算，取历年来h个同类分析数据平行测定的分析值(x_1, x_2)之差Δ，根据贝塞尔公式求出差值Δ的实验标准差$s(\Delta)$，单次测量的标准差$s(x_i)$与$s(\Delta)$之间有$\sqrt{2}\,s(x_i) = s(\Delta)$的关系。

$$u(w_2) = s(x_i) = \frac{s(\Delta)}{\sqrt{2}} = \sqrt{\frac{1}{2(h-1)}\sum_{i=1}^{h}(\Delta_i - \overline{\Delta})^2} \qquad (3-3-7)$$

$$\overline{\Delta} = \frac{\sum_{i=1}^{h}\Delta_i}{h}$$

由于每次的平行测定过程从试样处理开始均为同步进行，采用其差值进行统计，系统效应所带来的影响有相互抵消作用，其各差值的差异反映了由随机效应引入的不确定度。

收集本实例同类试样的分析数据，见表3-3-1。

表3-3-1　历年同类分析数据统计

i	1	2	3	4	5	6	7
x_{1i}	18.93	17.54	17.67	18.92	15.12	16.33	15.66
x_{2i}	18.85	17.61	17.61	18.96	15.06	16.30	15.62
$\Delta_i = \lvert x_{1i} - x_{2i}\rvert$	0.08	0.07	0.06	0.04	0.06	0.03	0.04
i	8	9	10	11	12	13	14
x_{1i}	17.55	16.62	15.53	17.43	16.37	18.56	16.27
x_{2i}	17.51	16.57	15.46	17.40	16.42	18.52	16.25
$\Delta_i = \lvert x_{1i} - x_{2i}\rvert$	0.04	0.05	0.04	0.03	0.05	0.04	0.02

将表3-3-1数据代入式（3-3-7）可知，$s(x_i) = 0.0124\%$，$u(\delta) = \dfrac{0.0124\%}{36.653\%} =$

0.000338,此处 36.653% 为根据实测数据计算所得待测样品中的氧化铝含量。

(4)利用专用软件模拟计算样本标准不确定度

经 MC 法评定测量不确定度应用软件(见图 3 - 3 - 1)计算可得,单次测定的标准不确定度为 $u(w) = 0.180\%$。

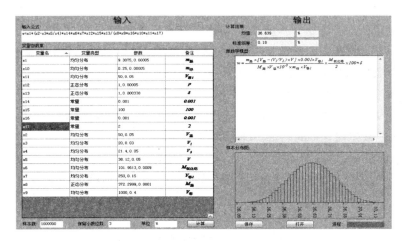

图 3 - 3 - 1   MC 法评定测量不确定度应用软件截图

3. 测量不确定度结果

本实例依据 GB/T 6900—2006《铝硅系耐火材料化学分析方法》中"9.1 乙酸锌返滴定 EDTA 容量法测定氧化铝",采用 MC 法评定的测量不确定度结果为 $w = 36.64\%$,$u(w) = 0.180\%$,95% 对称包含区间为 $[36.279\%, 36.999\%]$。

4. 讨论

应用 GUM 对该实例进行测量不确定度评定,GUM 的评定过程见本章"二、乙酸锌返滴定 EDTA 容量法测定高铝耐火材料中氧化铝含量的测量不确定度评定。"有以下几点值得关注:

1)两方法仅存在细微差别,主要由于计算过程中的数值修约因素导致。当不确定度有效位数取两位时,数值容差取 $\delta = 0.005$,计算次数 M 取大于 10^5 后显示 d_{low} 和 d_{high} 均小于 δ,说明本实例采用 MC 法通过了 GUM 验证。

2)本实例的测量模型是典型的非线性复杂模型,涉及 17 个输入量(见表 3 - 3 - 2),在 GUM 中应通过数学处理将其变换为线性方程再进行评定,MC 法的特点之一就是"适用于测量模型为明显非线性时",尤其在借助计算专用软件的帮助下,评定相对简单,二者测量不确定度评定结果对比见表 3 - 3 - 3。

表 3 - 3 - 2   输入量

自变量	分布类型	期望	标准偏差	期望	半宽度
x_1	均匀分布	—	—	9.3075g	0.0001g
x_2	均匀分布	—	—	50mL	0.05mL
x_3	均匀分布	—	—	20mL	0.03mL

表 3 - 3 - 2(续)

自变量	分布类型	期望	标准偏差	期望	半宽度
x_4	均匀分布	—	—	21.4mL	0.05mL
x_5	均匀分布	—	—	38.12mL	0.05mL
x_6	正态分布	101.9613	0.0009	—	—
x_7	均匀分布	—	—	250mL	0.15mL
x_8	正态分布	372.2999	0.0801	—	—
x_9	均匀分布	—	—	1000mL	0.4mL
x_{10}	均匀分布	—	—	0.25g	0.0001g
x_{11}	均匀分布	—	—	50mL	0.05mL
x_{12}	正态分布	1	0.00005	—	—
x_{13}	正态分布	1	0.000338	—	—
x_{14}	常数	0.001	—	—	—
x_{15}	常数	100	—	—	—
x_{16}	常数	0.001	—	—	—
x_{17}	常数	2	—	—	—

表 3 - 3 - 3　GUM 和 MCM 法测量不确定度评定结果对比

方法	$M/\%$	$y/\%$	$u(y)/\%$	包含区间/%	$d_{low}/\%$	$d_{high}/\%$
GUM	—	36.639	0.180	[36.279,36.999]	—	—
MC 法	10^4次	36.637	0.178	[36.281,36.993]	0.001	0.006
MC 法	10^5次	36.639	0.180	36.279,36.999]	0.001	0.001
MC 法	10^6次	36.639	0.180			

四、丁二酮肟重量法测定钢中镍含量的测量不确定度评定

1. 概述

（1）方法依据

依据 GB/T 223.25—1994《钢铁及合金化学分析方法　丁二酮肟重量法测定镍量》进行分析。在乙酸缓冲溶液中，用亚硫酸钠将铁还原成二价，用酒石酸作络合剂，在 pH 值为 6.0～6.4 时，镍和丁二酮肟生成沉淀，与铁、钴、铜、锰、铬、钼、钨、钒等元素分离，丁二酮肟镍经 145℃±50℃烘干并称至恒量。

（2）设备

电子天平：METTLER TOLEDO 公司 XP204S 型。

2. 测量模型

$$w = f \times \frac{m_1 - m_2}{m} \times 100\%$$ $\quad(3-4-1)$

式中:w——镍在钢中的质量分数,%;

$\quad f$——镍转化为丁二酮肟镍的换算系数,$f = 0.2032$;

$\quad m_1$——玻璃坩埚和丁二酮肟镍沉淀的质量,g;

$\quad m_2$——玻璃坩埚质量,g;

$\quad m$——样品称量,g。

令 $\Delta m = m_1 - m_2$,式(3-4-1)变为

$$w = f \times \frac{\Delta m}{m} \times 100\% \qquad (3-4-2)$$

3. 测量不确定度来源分析

本方法的不确定度来源主要是两部分,系统效应引入的不确定度 $u(w_1)$ 和随机效应引入的不确定度 $u(w_2)$,其合成不确定度为

$$u_c(w) = \sqrt{[u(w_1)]^2 + [u(w_2)]^2} \qquad (3-4-3)$$

其中,由系统效应引入的不确定度有丁二酮肟镍沉淀前后质量差称量引入的不确定度分量 $u(\Delta m)$、由称量样品引入的不确定度分量 $u(m)$、转换系数 f 引入的不确定度分量 $u(f)$。

4. 不确定度分量的评定

(1)由系统效应引入的不确定度分量 $u(w_1)$

1)丁二酮肟镍沉淀前后质量差称量引入的标准不确定度 $u(\Delta m)$

天平称量的不确定度因素包括重复性测定和天平校准的扩展不确定度。其中,重复性测定的影响在以下(2)中表述。校准证书显示天平校准的扩展不确定度为 0.0002g($k=2$),转化为标准不确定度为 0.0001g。由称量样品引入的标准不确定度为

$$u(m_1) = u(m_2) = 1.00 \times 10^{-4}\text{g}$$

$\Delta m = m_1 - m_2$,m_1、m_2 为同一天平测得,可认为完全正相关,且相关系数为1,则

$$u(\Delta m) = \sqrt{\left[\frac{\partial(\Delta m)}{\partial m_1} \times u(m_1)\right]^2 + \left[\frac{\partial(\Delta m)}{\partial m_2} \times u(m_2)\right]^2 +}$$

$$\sqrt{2 \times \frac{\partial(\Delta m)}{\partial m_1} \times \frac{\partial(\Delta m)}{\partial m_2} \times u(m_1) \times u(m_2) \times r(m_1, m_2)} \text{(续上行根号内)}$$

$$= \sqrt{u^2(m_1) + u^2(m_2) - 2 \times u(m_1) \times u(m_2)}$$

$$= |u(m_1) - u(m_2)| = 0 \qquad (3-4-4)$$

因此,其相对标准不确定度为

$$u_r(\Delta m) = 0$$

2)由称量样品引入的标准不确定度 $u(m)$

由称量样品引入的标准不确定度分量为 $u(m) = 1.00 \times 10^{-4}$g,样品称取量 0.5012g,其相对不确定度为

$$u_r(m) = \frac{u(m)}{m} = \frac{1.00 \times 10^{-4}}{0.5012} = 2.00 \times 10^{-4}$$

3)由转换系数 f 引入的标准不确定度分量 $u(f)$

由

$$f = \frac{M(\text{Ni})}{M(\text{C}_8\text{H}_{14}\text{N}_4\text{NiO}_4)}$$

$$u(f) = \sqrt{\left\{\frac{\partial f}{\partial[M(\text{Ni})]} \times u[M(\text{Ni})]\right\}^2 + \left\{\frac{\partial f}{\partial[M(\text{C}_8\text{H}_{14}\text{N}_4\text{NiO}_4)]} \times u[M(\text{C}_8\text{H}_{14}\text{N}_4\text{NiO}_4)]\right\}^2 +}$$

$$\sqrt{2 \times \frac{\partial f}{\partial [M(\mathrm{Ni})]} \times \frac{\partial f}{\partial [M(\mathrm{C_8H_{14}N_4NiO_4})]} \times u[M(\mathrm{Ni})]}（续上行根号内）$$

$$\sqrt{\times u[M(\mathrm{C_8H_{14}N_4NiO_4})] \times r[M(\mathrm{Ni}),M(\mathrm{C_8H_{14}N_4NiO_4})]}（续上行根号内）$$

$$= \sqrt{\left\{\frac{u[M(\mathrm{Ni})]}{M(\mathrm{C_8H_{14}N_4NiO_4})}\right\}^2 + \left\{-\frac{M(\mathrm{Ni})}{[M(\mathrm{C_8H_{14}N_4NiO_4})]^2} \times u[M(\mathrm{C_8H_{14}N_4NiO_4})]\right\}^2}$$

$$\sqrt{-2 \times \frac{1}{M(\mathrm{C_8H_{14}N_4NiO_4})} \times \frac{M(\mathrm{Ni})}{[M(\mathrm{C_8H_{14}N_4NiO_4})]^2} \times u[M(\mathrm{Ni})] \times}（续上行根号内）$$

$$\sqrt{u[M(\mathrm{C_8H_{14}N_4NiO_4})] \times r[M(\mathrm{Ni}),M(\mathrm{C_8H_{14}N_4NiO_4})]}（续上行根号内）\quad (3-4-5)$$

查 1993 年国际公布的元素相对分子质量表得

$$A_r(\mathrm{C}) = 12.017(8), A_r(\mathrm{H}) = 1.00794(7), A_r(\mathrm{N}) = 14.0067(2),$$
$$A_r(\mathrm{Ni}) = 58.6934(2), A_r(\mathrm{O}) = 15.994(3)$$
$$u[A_r(\mathrm{C})] = 0.008, u[A_r(\mathrm{H})] = 0.00007,$$
$$u[A_r(\mathrm{N})] = 0.0002, u[A_r(\mathrm{Ni})] = 0.0002, u[A_r(\mathrm{O})] = 0.0003,$$
$$M(\mathrm{C_8H_{14}N_4NiO_4}) = 12.017 \times 8 + 1.00794 \times 14 + 14.0067 \times 4 + 58.6934 + 15.9994 \times 4$$
$$= 288.965。$$

$\mathrm{C_8H_{14}N_4NiO_4}$ 相对分子质量的不确定度为

$$u[M(\mathrm{C_8H_{14}N_4NiO_4})] = \sqrt{\{8 \times u[A_r(\mathrm{C})]\}^2 + \{14 \times u[A_r(\mathrm{H})]\}^2 + \{4 \times u[A_r(\mathrm{N})]\}^2 +}$$
$$\sqrt{\{u[A_r(\mathrm{Ni})]\}^2 + \{4 \times A_r(\mathrm{O})\}^2}（续上行根号内）$$
$$= \sqrt{(8 \times 0.008)^2 + (14 \times 0.00007)^2 + (4 \times 0.0002)^2 + 0.0002^2 + (4 \times 0.0003)^2}$$
$$= 0.064$$

根据 JJF 1059.1—2012 中相关系数的估计法，如果两个输入量的测得值 x_i 和 x_j 相关，x_i 变化 δ_i 会使 x_j 相应变化 δ_j，则 x_i 和 x_j 相关系数经验公式可以表示为

$$r(x_i, x_j) \approx \frac{u(x_i)\delta_i}{u(x_j)\delta_j} \quad (3-4-6)$$

式中：$u(x_i)$ 和 $u(x_j)$ 为 x_i 和 x_j 的标准不确定度。

$$r[M(\mathrm{Ni}), M(\mathrm{C_8H_{14}N_4NiO_4})] \approx \frac{u[M(\mathrm{Ni})]\delta_i}{u[M(\mathrm{C_8H_{14}N_4NiO_4})]\delta_j} = \frac{0.0002 \times 1}{0.064 \times 1} = 0.003$$

把上述计算结果代入式（3-4-5）得

$$u(f) = \sqrt{\left(\frac{0.0002}{288.965}\right)^2 + \left(\frac{58.6934}{288.965^2} \times 0.064\right)^2 - 2 \times \frac{1}{288.965} \times}$$
$$\sqrt{\frac{58.6934}{288.965^2} \times 0.0002 \times 0.064 \times 0.003}（续上行根号内）$$
$$= \sqrt{4.790 \times 10^{-13} + 2.024 \times 10^{-9} - 1.868 \times 10^{-13}}$$
$$= 4.50 \times 10^{-5}$$

其相对不确定度为

$$u_r(f) = \frac{u(f)}{f} = \frac{4.50 \times 10^{-5}}{0.2032} = 2.21 \times 10^{-4}$$

因此，由系统效应引入的相对不确定度为

$$u_r(w_1) = \sqrt{u_r^2(\Delta m) + u_r^2(m) + u_r^2(f)}$$
$$= \sqrt{0^2 + (2.00 \times 10^{-4})^2 + (2.21 \times 10^{-4})^2} = 2.98 \times 10^{-4}$$

$$w = f \times \frac{m_1 - m_2}{m} \times 100\%$$

其中，$m = 0.5012g$，$m_1 = 24.3849g$，$m_2 = 24.1389g$。代入式(3-4-1)得

$$w_1 = 0.2032 \times \frac{24.3849 - 24.1389}{0.5012} \times 100\% = 9.97\%$$

同时进行的另一个独立测定结果为 $w_2 = 9.978\%$。

取两次独立测定的平均值作为报告结果为

$$\bar{w} = \frac{w_1 + w_2}{2} = \frac{9.970\% + 9.978\%}{2} = 9.97\%。$$

所以，系统效应的标准不确定度为

$$u(w_1) = u_r(w_1) \times w_1 = 2.98 \times 10^{-4} \times 9.97\% = 2.97 \times 10^{-3}\%。$$

（2）由随机效应引入的标准不确定度分量 $u(w_2)$

由于由随机效应引入的不确定度因素较多，在此用合并样本标准差方法来计算，取历年来 h 个同类分析数据平行测定的分析值 (x_1, x_2) 之差 Δ，根据贝塞尔公式求出差值 Δ 的实验标准差 $s(\Delta)$，单次测量的标准差 $s(x_i)$ 与 $s(\Delta)$ 之间有 $\sqrt{2}s(x_i) = s(\Delta)$ 的关系。实际操作中，以两次小于重复性限的独立测定结果的平均值作为测定结果报出，因此由随机效应引入的标准不确定度 $u(w_2)$ 与 $s(x_i)$ 之间有 $u(w_2) = s(x_i)/\sqrt{2}$ 的关系。

$$u(w_2) = \frac{s(x_i)}{\sqrt{2}} = \left(\frac{s(\Delta)}{\sqrt{2}}\right) / \sqrt{2} = \sqrt{\frac{1}{2(h-1)}\sum_{i=1}^{h}(\Delta_i - \bar{\Delta})^2} / \sqrt{2} \quad (3-4-7)$$

式中：$\bar{\Delta} = \dfrac{\sum\limits_{i=1}^{h} \Delta_i}{h}$。

由于每次的平行测定从称样至测定均为同时进行，采用其差值进行统计，系统效应带来的影响有相互抵消的作用，其各个差值的差异主要反映了由随机效应引入的不确定度，这就是本法评定的依据。

收集本实验室同类试样的分析数据，见表3-4-1。

表3-4-1 历年同类分析数据统计

i	1	2	3	4	5	6	7
x_{1i}	11.12	10.86	8.63	8.78	9.79	9.67	10.09
x_{2i}	11.18	10.82	8.68	8.81	9.82	9.71	10.12
$\Delta_i = \|x_{1i} - x_{2i}\|$	0.06	0.04	0.05	0.03	0.03	0.04	0.03
i	8	9	10	11	12	13	14
x_{1i}	10.86	12.13	9.76	9.86	10.23	11.21	12.76
x_{2i}	10.88	12.11	9.78	9.83	10.28	11.26	12.73
$\Delta_i = \|x_{1i} - x_{2i}\|$	0.04	0.02	0.02	0.03	0.05	0.05	0.03

将表 3-4-1 数据代入式(3-4-7)可知,$u(w_2) = 0.00602\%$。

5. 计算合成标准不确定度

本实例评定中涉及的标准不确定度分量见表 3-4-2。

表 3-4-2 标准不确定度分量

不确定度分量	不确定度来源	标准不确定度	单位
$u(w_1)$	系统效应	$u(w_1) = 0.00297$	%
	-丁二酮肟镍沉淀前后质量差的称量	$u(\Delta m_1) = 0$	g
	-称量样品	$u(m) = 1.00 \times 10^{-4}$	g
	-转换系数	$u(f) = 4.50 \times 10^{-5}$	—
$u(w_2)$	随机效应	$u(w_2) = 0.00602\%$	%

$u(w_1)$ 和 $u(w_2)$ 分别由系统效应和随机效应引入,可认为彼此不相关,故

$$u_c(w) = \sqrt{[u(w_1)]^2 + [u(w_2)]^2} = \sqrt{(0.00297)^2 + (0.00602)^2} = 0.00671\%$$

6. 扩展不确定度的评定

取 $k = 2$,扩展不确定度为

$$U = k \times u_c(w) = 2 \times 0.00671\% = 0.013\%$$

7. 测量不确定度结果

本实例依据 GB/T 223.60—1997《钢铁及合金化学分析方法 高氯酸脱水重量法测定硅含量》方法,丁二酮肟重量法测定钢中镍含量的测量不确定结果可表示为

$$w = (9.97 \pm 0.02)\% \quad (k = 2)$$

五、电感耦合等离子体发射光谱法测定低合金钢中锰含量的测量不确定度评定

1. 概述

(1)方法依据

依据 GB/T 20125—2006《低合金钢 多元素含量的测定 电感耦合等离子体原子发射光谱法》进行分析。称取 0.5000g 试样,以盐酸和硝酸的混合酸溶解,稀释至一定体积,得到试样溶液(以下简称试液)。以锰标准溶液配制校准曲线系列,将校准曲线系列和试液的雾化溶液引入电感耦合等离子体发射光谱仪,测定 Mn257.610nm 处的发射强度,以校准曲线系列的锰净强度为 x 轴,锰浓度(单位为 μg/mL)为 y 轴,建立线性回归曲线,依此将试液锰净强度转化为锰浓度(单位为 μg/mL),再将该浓度转化为质量分数(%)形式。

(2)设备

电子天平:METTLER TOLEDO 公司 XP204S。

电感耦合等离子体发射光谱仪:HORIBA 公司 ULTIMA 2C。

2. 测量模型

$$w_M = f(\rho_M, V_M, m)$$

以函数形式表示为

$$w_{\text{M}} = \frac{\rho_{\text{M}} \times V_{\text{M}}}{m \times 10^6} \times 100 = \frac{\rho_{\text{M}} \times V_{\text{M}}}{m} \times 10^{-4} \qquad (3-5-1)$$

式中：w_{M}——试样中锰的质量分数，%；

$\quad\rho_{\text{M}}$——试液锰浓度，μg/mL；

$\quad V_{\text{M}}$——试液定容体积，mL；

$\quad m$——称量样品质量，g。

3. 测量不确定度来源分析

根据式(3-5-1)，由于各输入量间不相关，合成标准不确定度为

$$u_{\text{c}}(w_{\text{M}}) = \sqrt{c_1^2 u^2(\rho_{\text{M}}) + c_2^2 u^2(V_{\text{M}}) + c_3^2 u^2(m)} \qquad (3-5-2)$$

式中：c_1、c_2、c_3——灵敏系数，分别为

$$c_1 = c_{\rho_{\text{M}}} = \frac{\partial f}{\partial \rho_{\text{M}}} = \frac{V_{\text{M}} \times 10^{-4}}{m} \qquad (3-5-3)$$

$$c_2 = c_{V_{\text{M}}} = \frac{\partial f}{\partial V_{\text{M}}} = \frac{\rho_{\text{M}} \times 10^{-4}}{m} \qquad (3-5-4)$$

$$c_3 = c_m = \frac{\partial f}{\partial m} = -\frac{\rho_{\text{M}} \times V_{\text{M}} \times 10^{-4}}{m^2} \qquad (3-5-5)$$

4. 不确定度分量的评定

(1)测定过程合成标准不确定度 $u_1(w_{\text{M}})$

1)称量样品引入的标准不确定度 $u(m)$

天平称量的不确定度因素包括重复性测定、天平校准的扩展不确定度。其中重复性测定的影响在以下(2)中有所表述。校准证书显示，天平校准的扩展不确定度为 0.0002g($k=2$)，转化为标准不确定度为 0.0001g。由称量样品引入的不确定度为 $u(m) = 1.00 \times 10^{-4}$g。

2)试液定容引入的标准不确定度 $u(V_{\text{M}})$

由 GB/T 12806—2011《实验室玻璃仪器 单标线容量瓶》可知，试液定容用工具定值的最大允许误差 $\pm a$(mL)，服从均匀分布($k=\sqrt{3}$)。试液定容使用 A 级 100mL 容量瓶，$u(V_{\text{M}}) = a/k = 0.10/\sqrt{3} = 0.0577$mL。

3)试液锰浓度测定结果引入的标准不确定度 $u(\rho_{\text{M}})$

通过测定校准曲线系列锰标准溶液的净强度作为 x 轴，锰浓度 ρ_i(单位为 μg/mL)为 y 轴，建立线性回归曲线，校准曲线以此拟合出欲测定试液的锰浓度 ρ_{M}(单位为 μg/mL)。回归曲线的配制质量直接影响试液锰浓度的定值。试液锰浓度测定结果 ρ_{M} 引入的不确定度由两部分组成：校准曲线系列锰标准溶液的配制质量引入的不确定度 $u_1(\rho_{\text{M}})$、校准曲线拟合引入的不确定度 $u_2(\rho_{\text{M}})$。

a)校准曲线系列锰标准溶液的配制质量引入的标准不确定度 $u_1(\rho_{\text{M}})$

校准曲线系列锰标准溶液的配制方法：称取 0.5000g 高纯铁 6 份于 200mL 烧杯中，与试样同溶解，冷至室温，按表 3-5-1 加入锰标准溶液，定容于 100mL 容量瓶。

ρ_i 的测量模型为

$$\rho_i = \frac{c_{\text{标}} \times V_{\text{分}}}{V_{\text{定}}} \qquad (3-5-6)$$

式中：ρ_i——校准曲线系列锰标准溶液浓度，μg/mL；

$c_标$——配制校准曲线系列所用锰标准溶液的浓度定值,$\mu g/mL$;

$V_分$——移取标准溶液用工具体积,mL;

$V_定$——校准曲线溶液定容体积,mL。

由于测量模型中各输入量是相乘关系,用相对合成标准不确定度表示更为方便,即

$$u_r(\rho_i) = \sqrt{u_r{}^2(c_标) + u_r{}^2(V_分) + u_r{}^2(V_定)} \tag{3-5-7}$$

校准曲线系列的锰浓度值 ρ_i 引入的不确定度主要来源:用于配制校准曲线的锰标准溶液浓度;配制过程的分取定容等环节中所用移液工具、容量瓶等器皿的容量定值。经验证明,就回归准确性而言,最接近试液测定点的校准曲线上锰标准溶液的配制质量对 ρ_M 测定准确度的影响最为关键,即该点的 $u_r(\rho_i)$ 与 ρ_M 的乘积视为 $u_1(\rho_M)$。

表 3-5-1　锰校准曲线溶液的配制

校准曲线溶液序号 i		校1	校2	校3	校4	校5
校准曲线系列锰标准溶液浓度 $\rho_i/(\mu g/mL)$		1.0	3.0	30.0	50.0	100.0
配制标准曲线系列用锰标准溶液浓度 $c_标/(\mu g/mL)$		100.0	100.0	1000.0	1000.0	1000.0
分取	$V_分/mL$	1.00	3.00	3.00	5.00	10.0
	移取工具	0.1mL~1mL 可调移液器	0.5mL~5mL 可调移液器	0.5mL~5mL 可调移液器	5mL 单刻线移液管	10mL 单刻线移液管
	最大允许误差 $\pm a/mL$	±0.0017	±0.0018	±0.0018	±0.015	±0.020
	$u_r(V_分)$	0.000982	0.000346	0.000346	0.00173	0.00116
定容	A级容量瓶体积 $V_定/mL$	100.0	100.0	100.0	100.0	100.0
	最大允许误差 $\pm a/mL$	±0.10	±0.10	±0.10	±0.10	±0.10
	$u_r(V_定)$	0.000577	0.000577	0.000577	0.000577	0.000577

ⅰ)标准溶液分取及定容用工具定值引入相对标准不确定度 $u_r(V_分)$ 和 $u_r(V_定)$

由 GB/T 12806—2011《实验室玻璃仪器　单标线容量瓶》、GB/T 12808—1991《实验室玻璃仪器　单标线移液管》或校准证书可知,标准溶液分取及定容用工具定值最大允许误差 $\pm a$ mL,服从均匀分布,取 $k = \sqrt{3}$, $u_r(V_分) = \dfrac{a/k}{V_分}$, $u_r(V_定) = \dfrac{a/k}{V_定}$,相应计算结果见表 3-5-1。

ⅱ)配制校准曲线的锰标准溶液浓度值引入的相对标准不确定度 $u_r(c_标)$

1000.0$\mu g/mL$ 锰标准溶液由国家钢铁材料测试中心钢铁研究总院研制,由标准溶液证书可知,定值扩展不确定度 U 为 4.0$\mu g/mL$($k=2$),该标准溶液定值的准确性引入的不确定度为

$$u(c_{标1000}) = \frac{U}{k} = \frac{4.0}{2} = 2.0 \mu g/mL$$

其相对标准不确定度为

$$u_r(c_{标1000}) = \frac{u(c_{标1000})}{c_{标1000}} = \frac{2.0}{1000} = 0.002$$

100.0μg/mL 锰标准溶液系由 A 级 10mL 单刻线移液管分取 1000.0μg/mL 锰标准溶液 A 级 10.0mL ~ 100mL 容量瓶配制所得,稀释因子 $L = \frac{V_{稀10}}{V_{稀100}} = \frac{10}{100}$。

$$c_{标100} = c_{标1000} \times L = c_{标1000} \times \frac{V_{稀10}}{V_{稀100}}$$

由上述 i)得

$$u_r(V_{稀10}) = \frac{a/k}{V_{稀10}} = \frac{0.02/\sqrt{3}}{10} = 0.00116$$

$$u_r(V_{稀100}) = \frac{a/k}{V_{稀100}} = \frac{0.10/\sqrt{3}}{100} = 0.00577$$

$$u_r(c_{标100}) = \sqrt{u_r^2(c_{标1000}) + u_r^2(V_{稀10}) + u_r^2(V_{稀100})}$$
$$= \sqrt{0.002^2 + 0.00116^2 + 0.000578^2} = 0.00238$$

由式(3 - 5 - 7)计算配制校准系列溶液中校 1 ~ 校 5 各浓度点的相对不确定度分量分别为

$$u_r(\rho_1) = \sqrt{u_r^2(c_{标100}) + u_r^2(V_{分0.5}) + u_r^2(V_{定100})}$$
$$= \sqrt{0.00238^2 + 0.00098^2 + 0.000578^2} = 0.00264$$

$$u_r(\rho_2) = \sqrt{u_r^2(c_{标100}) + u_r^2(V_{分3}) + u_r^2(V_{定100})}$$
$$= \sqrt{0.00238^2 + 0.000346^2 + 0.000578^2} = 0.00247$$

$$u_r(\rho_3) = \sqrt{u_r^2(c_{标1000}) + u_r^2(V_{分3}) + u_r^2(V_{定100})}$$
$$= \sqrt{0.002^2 + 0.000346^2 + 0.000578^2} = 0.00211$$

$$u_r(\rho_4) = \sqrt{u_r^2(c_{标1000}) + u_r^2(V_{分5}) + u_r^2(V_{定100})}$$
$$= \sqrt{0.002^2 + 0.00173^2 + 0.000578^2} = 0.00271$$

$$u_r(\rho_5) = \sqrt{u_r^2(c_{标1000}) + u_r^2(V_{分10}) + u_r^2(V_{定100})}$$
$$= \sqrt{0.002^2 + 0.00116^2 + 0.000578^2} = 0.00238$$

本实例中试液测定结果为 28.81μg/mL[见下述 b)],与校 3 浓度值最接近,故配制曲线的锰标准溶液的浓度值 ρ_i 引入的不确定度为

$$u_1(\rho_M) = u_r(\rho_3) \times \rho_M = 0.00211 \times 28.81 = 0.0608 \mu g/mL$$

采用经计量的器具配制曲线,每点的相对不确定度分量相差不大,实际评定时,若以最大点的相对不确定度分量或以所有点的相对不确定度分量的加权平均值来计算配制曲线的锰标准溶液的浓度值 ρ_i 引入的相对不确定度都是可行的。

b)校准曲线拟合引入的标准不确定度 $u_2(\rho_M)$

试液锰的浓度 ρ_M 与平均强度 I_M 之间有如下关系:

$$\rho_M = aI_M + b \tag{3-5-8}$$

a 及 b 值为从配制的锰校准曲线系列标准溶液浓度 ρ_i 及对应的锰净强度 I_i 通过最小二乘法拟合所得。由表 3 - 5 - 2 可得 $\rho_M = 0.0112I_M - 0.658$。

表 3 − 5 − 2　锰校准曲线的计算

序列	强度 I_i/kcps	配制值 ρ_i/(μg/mL)	回归值 $\rho_{回归i}$/(μg/mL)	残差($\rho_{回归i} - \rho_i$)/(μg/mL)
校 1	148	1.0	1.00	0.00
校 2	318.7	3.0	2.91	− 0.09
校 3	2788.4	30.0	30.57	0.57
校 4	4501.1	50.0	49.75	− 0.25
校 5	9026.3	100.0	100.44	0.44

取两份试样从称取样品开始进行平行操作,测定值分别为 2681.0kcps 和 2581.0kcps,平均强度 $I_M = 2631.0$kcps,代入回归方程,可得试液锰的浓度 $\rho_M = 28.809$μg/mL。a、b 的波动及回归方程的残余标准差 s_e 都会对拟合结果产生影响,根据误差传递原理,可得校准曲线拟合引入的不确定度为

$$u_2(\rho_M) = s_e \sqrt{\frac{1}{\rho} + \frac{1}{n} + \frac{(\rho_M - \bar{\rho})^2}{\sum\limits_{i=1}^{n}(\rho_i - \bar{\rho})^2}}$$

式中:s_e——回归方程的残差标准差,$s_e = \sqrt{\dfrac{\sum\limits_{i=1}^{n}(\rho_{回归i} - \rho_i)}{n-2}} = 0.44$μg/mL ;

　　　ρ——试样溶液重复测定次数,$\rho = 2$;

　　　n——参与回归的点的数目,$n = 5$;

　　　$\bar{\rho} = 36.8$μg/mL。

$$u_2(\rho_M) = 0.44 \times \sqrt{\frac{1}{2} + \frac{1}{5} + \frac{(28.81 - 36.8)^2}{6638.8}} = 0.372 μg/mL$$

试液锰的浓度测定结果引入的不确定度为

$$u(\rho_M) = \sqrt{[u_1(\rho_M)]^2 + [u_2(\rho_M)]^2} = \sqrt{0.0608^2 + 0.372^2} = 0.377 μg/mL$$

根据式(3 − 5 − 2)中得

$$c_1 = c_{\rho_M} = \frac{\partial f}{\partial \rho_M} = \frac{V_M \times 10^{-4}}{m} = \frac{100.00 \times 10^{-4}}{0.5000} = 0.020 mL/g$$

$$c_2 = c_{V_M} = \frac{\partial f}{\partial V_M} = \frac{\rho_M \times 10^{-4}}{m} = \frac{28.824 \times 10^{-4}}{0.5000} = 0.00576 μg/(mL \cdot g)$$

$$c_3 = c_m = \frac{\partial f}{\partial m} = \frac{\rho_M \times V_M \times 10^{-4}}{m^2} = \frac{28.824 \times 100.0 \times 10^{-4}}{0.5000^2} = 1.153 μg/g^2$$

由此可得测定过程的合成不确定度 $u_1(w_M)$ 为

$$u_1(w_M) = \sqrt{(0.02 \times 0.377)^2 + (0.00576 \times 0.0577)^2 + (1.153 \times 1.00 \times 10^{-4})^2}$$
$$= 7.55 \times 10^{-3} \%$$

(2)重复性测定引入的测量不确定度 $u_2(w_M)$

JJF 1059.1—2012 中有关预评估重复性指出,在日常开展同一类被测件的常规检定、标准或检测工作中,如果测量系统稳定,测量重复性无明显变化,则可用该测量系统以与测量被测件相同的测量程序、操作者、操作条件和地点,预先对典型的被测件的典型被测量进行 n

次测量,由贝塞尔公式计算出单个测得值的实验标准偏差 $s(x_k)$,即测量重复性。在对某个被测件实际测量时可以只测 n' 次,并以 n' 次独立测量的算术平均值作为被测量的估计值,则该被测量估计值由于重复性导致的测量不确定度为 $u(\bar{x}) = s(\bar{x}) = s(x)/\sqrt{n'}$。

该测量重复性可作为本实例在评定同类相近锰含量样品的测量重复性时直接使用。选一个锰含量为 0.675% 的标准样品 GBW 01310,按 GB/T 20125—2006 方法进行 10 次常规检测,测得结果如表 3-5-3 所示。

表 3-5-3　标准样品 GBW01310 锰重复性测定结果

次数 i	1	2	3	4	5	6	7	8	9	10
测定结果 w_{Mi}	0.662	0.666	0.679	0.663	0.682	0.673	0.672	0.667	0.661	0.680
平均值 $\bar{w}_{Mi}$	0.671								
标准偏差/%	0.0078								

根据贝塞尔公式,

$$s(x_k) = \sqrt{\frac{1}{n-1}\sum_{i=1}^{n}(x_i - \bar{x})^2} \qquad (3-5-9)$$

可得单次测定的试验标准差,则测量重复性为

$$s(w_M) = \sqrt{\frac{1}{n-1}\sum_{i=1}^{n}(w_{Mi} - \bar{w}_{Mi})^2} = 0.00785\%$$

该测量重复性可作为本实验室在评定同类相近锰含量样品的测量重复性时直接使用。实际工作中,对样品进行两次平行分析,取两次测定结果的平均值作为锰的报告值,由重复性测定引入的不确定度分量为

$$u_2(w_M) = s(w_M)/\sqrt{n'} = 0.00785\%/\sqrt{2} = 0.00555\%$$

5. 计算合成标准不确定度

由 $\rho_M = 28.809\mu g/mL$, $m = 1.0000g$, $V_M = 100.0mL$,根据式(3-5-1)计算低合金钢样品中锰元素的含量为 $w_M = \dfrac{\rho_M \times V_M}{m} \times 10^{-4} = \dfrac{28.809 \times 100}{0.5} \times 10^{-4} = 0.576\%$。

本实例评定中涉及的标准不确定度分量列于表 3-5-4。

表 3-5-4　标准不确定度分量一览表

不确定度分量	不确定度来源	标准不确定度
$u_1(w_M)/\%$	测定过程	$u_1(w_M) = 7.55 \times 10^{-3}$
$u(m)/g$	-试样称量	$u(m) = 1.00 \times 10^{-4}$
$u(V_M)/mL$	-试液定容	$u(V_M) = 0.0577$
$u(\rho_M)/(\mu g/mL)$	-试液锰浓度测定结果	$u_c(\rho_M) = 0.377$
	·校准曲线系列的锰浓度值 ρ_i	$u_1(\rho_M) = 0.0608$
	·校准曲线拟合	$u_2(\rho_M) = 0.372$
$u_2(\rho_M)/\%$	重复测定	$u_2(w_M) = 0.00555$

测定过程和重复性测定引入的不确定度分量不相关,可合成为

$$u_c(w_M) = \sqrt{[u_1(w_M)]^2 + [u_2(w_M)]^2} = \sqrt{(7.55 \times 10^{-3})^2 + (5.55 \times 10^{-3})^2} = 9.37 \times 10^{-3}\%$$

6. 扩展不确定度的评定

取 $k = 2$，扩展不确定度为

$$U = k \times u_c(w_M) = 2 \times 9.37 \times 10^{-3} = 0.019\%$$

7. 测量不确定度结果

本实例依据 GB/T 20125—2006 方法测定低合金钢中锰含量的测量不确定度结果表示为

$$w = (0.576 \pm 0.019)\% \ (k = 2)$$

六、红外碳硫分析仪测定钢中碳含量的测量不确定度评定

1. 概述

（1）方法依据

依据 GB/T 20123—2006《钢铁　总碳硫含量的测定　高频感应炉燃烧后红外吸收法（常规方法）》进行分析。样品在氧气流中燃烧，将碳转化成一氧化碳和二氧化碳，利用氧气流中二氧化碳和一氧化碳的红外吸收光谱进行测量。采用单个标准样品对仪器内置曲线进行校准，得到校正系数 f，由此计算出被测样品中的碳的质量分数。

（2）设备

红外碳硫分析仪 CS－444（美国力可公司）。

2. 测量模型

$$w = f \times \frac{A}{m} \tag{3-6-1}$$

式中：w——被测样品中碳的质量分数，%；

　　　f——校正系数；

　　　A——被测样品的信号值（以峰高或峰面积计）；

　　　m——被测样品的称样量，g。

由式（3-6-1）可得

$$w = \frac{C_0}{A_0/m_0} \times \left(\frac{A}{m}\right) = \frac{C_0 \times A \times m_0}{A_0 \times m} \tag{3-6-2}$$

式中：C_0——标准样品中碳的质量分数，%；

　　　A_0——标准样品信号值（以峰高或峰面积计）；

　　　m_0——标准样品的称样量，g。

令 $a = \dfrac{A}{A_0}$，$M = \dfrac{m_0}{m}$，式（3-6-2）转化为

$$w = C_0 a M \tag{3-6-3}$$

3. 测量不确定度来源分析

本实例的不确定度来源主要包括由天平称量引入的相对标准不确定度分量 $u_r(M)$、标准样品碳含量定值引入的相对不确定度分量 $u_r(C_0)$、红外碳硫仪重复测定引入的相对不确定度分量 $u_r(a)$。

4. 不确定度分量的评定

(1) 由天平称量引入的相对标准不确定度分量 $u_r(M)$ 的评定

天平称量的不确定度因素包括重复性测定、天平校准的扩展不确定度。其中重复性测定的影响在下述(2)中体现。校准证书显示,天平校准的扩展不确定度为 $0.0002g(k=2)$,转化为标准不确定度为 $0.0001g$。由试样称量引入的标准不确定度为

$$u(m) = u(m_0) = 1.00 \times 10^{-4}g$$

被测样品称样量和标准样品称样量分别为 $1.0002g$ 和 $0.9020g$,

$$u_r(m_0) = \frac{u(m_0)}{m_0} = \frac{1.00 \times 10^{-4}}{1.0002} = 1.00 \times 10^{-4}$$

$$u_r(m) = \frac{u(m)}{m} = \frac{1.00 \times 10^{-4}}{0.9020} = 1.11 \times 10^{-4}$$

因为 $M = \dfrac{m_0}{m}$,$u(M)$ 的不确定度为

$$u(M) = \sqrt{\left[\frac{\partial M}{\partial m_0} \times u(m_0) \right]^2 + \left[\frac{\partial M}{\partial m} \times u(m) \right]^2 + 2 \times \frac{\partial M}{\partial m_0} \times \frac{\partial M}{\partial m} \times u(m_0) \times u(m) \times r(m_0, m)}$$

$$(3-6-4)$$

由于 m_0 和 m 完全正相关,所以相关系数 $r(m_0, m) = 1$。

$$u(M) = \sqrt{\left[\frac{1}{m} u(m_0) \right]^2 + \left[\left(-\frac{m_0}{m^2} u(m) \right) \right]^2 + 2 \times \frac{1}{m} \times \left(-\frac{m_0}{m^2} \right) \times u(m_0) \times u(m)}$$

$$= \sqrt{\left[\frac{1}{m} u(m_0) - \frac{m_0}{m^2} u(m) \right]^2} = \left| \frac{1}{m} u(m_0) - \frac{m_0}{m^2} u(m) \right|$$

$$u_r(M) = \frac{u(M)}{M} = \left| \frac{1}{m} u(m_0) \times \frac{m}{m_0} - \frac{m_0}{m^2} u(m) \times \frac{m}{m_0} \right|$$

$$= \left| \frac{u(m_0)}{m_0} - \frac{u(m)}{m} \right|$$

$$= |u_r(m_0) - u_r(m)| \qquad (3-6-5)$$

将相应数据代入式(3-6-5)可得

$$u_r(M) = |u_r(m_0) - u_r(m)| = |1.00 \times 10^{-4} - 1.11 \times 10^{-4}| = 1.10 \times 10^{-5}$$

(2) 标准样品碳含量定值引入的相对不确定度分量 $u_r(C_0)$

选取标准样品进行校正,标准样品的参考值为 0.0116%,查校准证书可知,扩展不确定度为 0.0012%,包含因子 $k=2$。标准样品碳含量定值引入的相对不确定设为

$$u_r(C_0) = \frac{U_0}{k \times C_0} = \frac{0.0012}{2 \times 0.0116} = 0.052$$

(3) 红外碳硫仪重复性测定引入的不确定度分量 $u(a)$

a 为被测样品和校准用标准样品的强度测定比,但红外碳硫仪为含量直读类设备,不方便获得强度值。为表达重复性测定的影响,采用以下方法:JJF 1059.1—2012 中有关预评估重复性指出,在日常开展同一类被测件的常规检定、标准或检测工作中,如果测量系统稳定,测量重复性无明显变化,则可用该测量系统以与测量被测件相同的测量程序、操作者、操作条件和地点,预先对典型的被测件的典型被测量进行 n 次测量,由贝塞尔公式计算出单个测得

值的实验标准偏差 $s(s_k)$，即测量重复性。在对某个被测件实际测量时可以只测 n' 次，并以 n' 次独立测量的算术平均值作为被测量的估计值，则该被测量估计值由于重复性导致的标准不确定度为

$$u(\bar{x}) = s(\bar{x}) = s(x)/\sqrt{n'}$$

该测量重复性可作为本实例在评定同类相近碳含量样品的测量重复性时直接使用。选一个碳含量为 0.0059% 的标准样品 SRM 2165，按 GB/T 20123—2006 方法进行 10 次常规检测，测定结果如表 3 - 6 - 1 所示。

表 3 - 6 - 1　样品 SRM 2165 碳重复性测定结果

次数 i	1	2	3	4	5	6	7	8	9	10
测定值 $w_{Mi}/\%$	0.00586	0.00573	0.00582	0.00576	0.00572	0.00588	0.00579	0.00581	0.00577	0.00582
平均值 $\bar{w}_{Mi}/\%$	0.00580									
标准偏差/%	0.0000523									

根据贝塞尔公式，可得单次测定的试验标准差，则测量重复性为

$$s(w_M) = \sqrt{\frac{1}{n-1}\sum_{i=1}^{n}(w_{Mi} - \bar{w}_{Mi})^2} = 5.23 \times 10^{-5}\%$$

该测量重复性可作为本实例在评定同类相近碳含量样品的测量重复性时直接使用。实际工作中，对样品进行两次取样分析，取两次测定结果的平均值作为碳的报告值，由重复性测定引入的不确定度分量为

$$u(a) = s(w_M)/\sqrt{n'} = 5.23 \times 10^{-5}/\sqrt{2} = 3.70 \times 10^{-5}\%$$

5. 计算合成标准不确定度

本实例评定中涉及的相对标准不确定度分量列于表 3 - 6 - 2。

表 3 - 6 - 2　标准不确定度分量汇总

不确定度分量	不确定度来源	标准不确定度
$u_r(M)$	天平称量	1.10×10^{-5}（相对）
$u_r(C_0)$	标准样品的碳含量定值	0.052（相对）
$u(a)$	红外碳硫仪测定的重复性	3.70×10^{-5}

三个不确定度分量可认为彼此不相关，故

$$u_{c,r}(w) = \sqrt{[u_r(M)]^2 + [u_r(C_0)]^2} = \sqrt{(1.1 \times 10^{-5})^2 + 0.052^2} = 0.052$$

$$u_c(w) = \sqrt{[u_{c,r}(w_1) \times w]^2 + [u(a)]^2}$$

$$= \sqrt{(0.052 \times 0.0035\%)^2 + (3.70 \times 10^{-5}\%)^2}$$

$$= 1.86 \times 10^{-4}\%$$

6. 扩展不确定度的评定

取包含因子 $k = 2$，扩展不确定度为

$$U = k \times u_c(w) = 2 \times 0.00019\% = 0.00038\%$$

7. 测量不确定度结果

本实例依据 GB/T 223.60—1997 方法,红外碳硫分析仪测定钢中碳含量的测量不确定度结果可表示为

$$w = (0.0035 \pm 0.0004)\%\ (k = 2)$$

七、火花放电直读光谱法测定合金钢中镍含量的测量不确定度评定

1. 概述

(1)方法依据

依据日本标准 JIS G 1253《铁和钢 光电发射光谱分析方法》进行分析。火花光源激发使样品中各元素从固态直接气化并被激发而发射出各元素的特征波长,通过色散元件分解成光谱,测定相对强度(分析线和内标线强度比)。通过测定系列标准样品的相对强度,建立工作曲线,由此求出样品中分析元素含量。

(2)设备

火花放电直读光谱仪,美国热电,ARL4460。

2. 测量模型

$$w = w' \tag{3-7-1}$$

作为直接得到测量结果的元素含量直读类设备,其测量模型的描述及测量不确定度分量的合成可参见《指南》中 4.2.2 综合评定法。

3. 测量不确定度来源分析

火花放电直读光谱法测定合金钢中镍含量的测量不确定度主要来源于工作曲线拟合引入的标准不确定度分量 $u_0(w)$、标准样品定值引入的不确定度分量 $u_1(w)$、重复性测定引入的测量不确定度分量 $u_2(w)$ 等。

4. 不确定度分量的评定

选取 10 个与镍含量不等的合金钢标准样品建立工作曲线,在选定的工作条件下,分别对每个标准样品进行两次测定,根据最小二乘法拟合,可得

$$w = a \times I^2 + b \times I + c \tag{3-7-2}$$

式中:w——样品的质量分数,%;

a、b、c——系数;

I——相对强度 I_R,为方便此处以 I 表示。

表 3 - 7 - 1 工作曲线用标准样品测定

样品编号	Ni 参考含量 w_i/%	相对强度 I/kcps	回归含量 $w_{回归i}$/%
13 × NSB3	9.05	2.6738	9.017
BS. 347A	9.20	2.7068	9.176
14 × HSA2	10.24	2.9378	10.277
B. S. CA316 - 4	11.00	3.0966	11.018
B. S. CA 316 - 3	11.26	3.1356	11.198

表 3 - 7 - 1(续)

样品编号	Ni 参考含量 w_i/%	相对强度 I/kcps	回归含量 $w_{回归i}$/%
JK27A	12.04	3.3326	12.096
IARM - 4B	20.00	5.3235	20.072
B. S. 189	23.78	6.4687	23.754
CRM295 - 1	24.40	6.6738	24.344
JK37A	30.82	9.9033	30.832

由表 3 - 7 - 1 计算出 a、b、c 代入式(3 - 7 - 2)中,拟合二次曲线为

$$w = -0.2521 \times I^2 + 6.1882 \times I - 5.7267$$

对应于式(3 - 7 - 1), $a = -0.2521$, $b = 6.1882$, $c = -5.7267$。

对样品进行两次激发,强度分别为 3.233kcps、3.242kcps,代入该二次曲线方程,可得样品含量回归值分别为 11.645%、11.686%,平均值为 11.667%。

(1)工作曲线拟合引入的标准不确定度分量 $u_0(w)$

对一元一次方程 $y = ax + b$ 拟合引入的不确定度区间可由式(3 - 7 - 2)求得

$$u(y_0) = s_e \times \sqrt{\frac{1}{p} + \frac{1}{n} + \frac{(x_0 - \bar{x})}{l_{xx}}} \qquad (3 - 7 - 3)$$

式中: s_e——残余标准差,即工作曲线上各标准样品回归值的离散度,

$$s_e = \sqrt{\frac{\sum_{i=1}^{n}(y_i - y_{回归i})^2}{n - 2}}, \% ;$$

p——样品重复测定次数;

n——参与工作曲线拟合的数据;

x_0——样品测定值,%;

$\bar{x}$——参与回归曲线拟合的标准样品参考值的平均值,%;

l_{xx}——相关系数, $l_{xx} = \sum_{i=1}^{n}(x_i - \bar{x})^2$。

对一元二次方程,通过配方法将其变换为一次线性方程,变换过程为

$$w = a \times I^2 + b \times I + c = a\left(I + \frac{b}{2a}\right) + c - \frac{b^2}{4a} \qquad (3 - 7 - 4)$$

令 $t = \left(I + \frac{b}{2a}\right)^2$,可得 $I = \sqrt{t} - \frac{b}{2a}$,式(3 - 7 - 4)转化为

$$w = a \times t + c - \frac{b^2}{4a} \qquad (3 - 7 - 5)$$

式(3 - 7 - 5)为典型的一元一次方程,参照式(3 - 7 - 2),若对样品进行 p 次重复测定,线性拟合对测量结果 w_0 引入的标准不确定度为

$$u(w_0) = s_e \times \sqrt{\frac{1}{p} + \frac{1}{n} + \frac{(t_0 - \bar{t})}{l_{tt}}} \qquad (3 - 7 - 6)$$

式中：s_e——残余标准差，$s_e = \sqrt{\dfrac{\sum\limits_{i=1}^{n}\left(w_i - w_{回归i}\right)^2}{n-2}}$；

$\quad p$——样品 w_0 的重复测定次数；

$\quad n$——绘制工作曲线的标准样品个数；

$$t_0 = \left(I_0 + \frac{b}{2a}\right)^2；$$

$$\bar{t} = \frac{\sum\limits_{i=1}^{n}\left(I_i + \dfrac{b}{2a}\right)^2}{n}；$$

$$l_{tt} = \sum_{i=1}^{n}\left(t_i - \bar{t}\right)^2；$$

I_0——样品测定相对强度。

参与绘制标准曲线的标准样品相关参数见表 3-7-2。

表 3-7-2 中间计算数据

样品编号	$(w_i - w_{回归i})/\%$	t_i	$t_i - \bar{t}$
13 × NSB3	0.0330	92.1504	28.4074
BS.347A	0.0236	91.5179	27.7750
14 × HSA2	-0.0372	87.1516	23.4086
B.S. CA316-4	-0.0183	84.2118	20.4689
B.S. CA 316-3	0.0616	83.4976	19.7546
JK27A	-0.0562	79.9361	16.1931
IARM-4B	-0.0718	48.2997	-15.4433
B.S. 189	0.0260	33.6934	-30.0496
CRM295-1	0.0563	31.3544	-32.3886
JK37A	-0.0121	5.6169	-58.1261

将 $s = 0.04933, p = 2, n = 10, \bar{t} = 63.743, l_{tt} = 8766.9706$，以及两次测定的样品相对强度值 $I_0 = 3.233, I'_0 = 3.242$ 对应的 $t_0 = 81.781, t'_0 = 81.559$ 代入式（3-7-5），可得工作曲线拟合引入的标准不确定度分量为

$$u_0(w) = u_0(w)' = 0.0393\%$$

（2）标准样品定值引入的不确定度分量 $u_1(w)$

标准样品引入的不确定度主要来源于两方面，一是由标准物质的不均匀性引入，二是由物质定值引入，具体则由标准证书提供的信息进行计算。经验证明，就回归准确性而言，在最接近样品含量的工作曲线上，标准样品的不确定度，对样品测定准确度的影响最为关键，该点的不确定度值即视为 $u_1(w)$。

选择与需要评定的样品镍含量（本实例为 11.667%）最为接近的标准样品 B.S. CA 316-3 的定值不确定度进行计算，由标准证书可知，镍含量的参考值为 11.26%，扩展不确定度为

$0.05\%(k=2)$,$u_1(w)=0.05/2=0.025\%$。

（3）重复性测定引入的测量不确定度分量 $u_2(w)$

选一个镍含量（质量分数）为 12.04% 的标准样品 JK 27A,按 JIS G 1253 方法进行 10 次常规检测,测定结果如表 3 - 7 - 3 所示。

表 3 - 7 - 3　标准样品 JK 27A 镍重复性测定结果

次数 i	1	2	3	4	5	6	7	8	9	10
测定结果 w_i/%	12.05	12.10	12.11	12.08	12.06	12.03	12.05	12.05	12.10	12.10
平均值 $\overline{w_i}$/%	12.073									
标准偏差/%	0.0283									

根据贝塞尔公式

$$s(x)=\sqrt{\frac{1}{n-1}\sum_{i=1}^{n}(x_i-\overline{x})^2} \qquad (3-7-7)$$

可得单次测定的标准差,则测量重复性为

$$s(w)=\sqrt{\frac{1}{n-1}\sum_{i=1}^{n}(w_i-\overline{w})^2}=0.0283\%$$

该测量重复性可作为本实例在评定同类相近 Ni 含量样品的测量重复性时直接使用。实际工作中,对样品进行两次激发,取两次测定结果的平均值作为镍的报告值,由重复性测定引入的不确定度分量为

$$u_2(w)=s(w)/\sqrt{n'}=0.0283\%/\sqrt{2}=0.0200\%$$

5. 计算合成标准不确定度

本实例评定中涉及的标准不确定度分量列于表 3 - 7 - 4。

表 3 - 7 - 4　标准不确定度分量

不确定度分量	不确定度来源	标准不确定度
$u_0(w)$/%	工作曲线的拟合	$u_0(w)=0.0393\%$
$u_1(w)$/%	标准样品的参考定值	$u_1(w)=0.025\%$
$u_2(w)$/%	光谱仪测定的重复性	$u_2(w)=0.0200\%$

$$u_c(w)=\sqrt{[u_0(w)]^2+[u_1(w)]^2+[u_2(w)]^2}=\sqrt{0.0393^2+0.0250^2+0.0200^2}=0.0507\%$$

6. 扩展不确定度的评定

取 $k=2$,扩展不确定度为

$$U=k\times u_c(w)=2\times0.0507\%=0.101\%$$

7. 测量不确定度结果

本实例依据 JIS G 1253 方法测定合金钢中镍含量的测量不确定度结果表示为

$$w=(11.67\pm0.11)\%(k=2)$$

八、电子探针 X 射线波长色散谱法测定镍铜合金钢中铜含量的测量不确定度评定

1. 概述

（1）方法依据

依据 GB/T 15616—2008《金属及合金的电子探针定量分析方法》进行分析。通过对纯金属或已知质量分数的标准物质的测定，根据测得的响应值，仪器通过迭代回归方法自动建立 ZAF 系数修正。仪器对未知质量分数比合金直接测定，并利用建立起来的 ZAF 系数修正给出其各个成分的质量分数比值。

（2）设备

电子探针 X 射线分析仪，日本电子株式会社 JXA－8500F。

2. 测量模型

$$C = \frac{\bar{I}}{\bar{I}_0} \times C_0 \times (ZAF) \tag{3-8-1}$$

式中：C——被测样品中被测 Cu 元素的测定结果，%；

（ZAF）——修正因子；

$\bar{I}$——被测样品中 Cu 元素的平均强度；

$\bar{I}_0$——标准样品中 Cu 元素的平均强度；

C_0——标准样品中 Cu 含量，%。

3. 测量不确定度来源分析

令 $f = \dfrac{\bar{I}}{\bar{I}_0}$，则

$$C = f \times C_0 \times (ZAF) \tag{3-8-2}$$

测量不确定度的来源包括强度比测量引入的相对不确定度分量 $u(f)$、标准物质铜含量定值引入的不确定度分量 $u(C_0)$、ZAF 修正系数引入的不确定度分量 $u(ZAF)$。

4. 不确定度分量的评定

（1）强度比测量引入的相对不确定度分量 $u_r(f)$

由 $f = \dfrac{\bar{I}}{\bar{I}_0}$，得

$$u(f) = \sqrt{\left[\frac{1}{\bar{I}_0} \times u(\bar{I})\right]^2 + \left[-\frac{\bar{I}}{(\bar{I}_0)^2} \times u(\bar{I}_0)\right]^2 + 2 \times \left[\frac{1}{\bar{I}_0} \times u(\bar{I})\right] \times \left[-\frac{\bar{I}}{(\bar{I}_0)^2} \times u(\bar{I}_0)\right] \times r(\bar{I}, \bar{I}_0)}$$

$$\tag{3-8-3}$$

由于 I、I_0 的检测条件完全相同，二者完全正相关，$r(\bar{I}, \bar{I}_0) = 1$，则

$$u(f) = \left| \frac{u(\bar{I})}{\bar{I}_0} - \frac{\bar{I}}{\bar{I}_0^2} \times u(\bar{I}_0) \right| \tag{3-8-4}$$

$$u_r(f) = |u_r(\bar{I}) - u_r(\bar{I}_0)| \tag{3-8-5}$$

1）被测样品测试平均强度引入的相对不确定度分量 $u_r(\bar{I})$

被测样品测试平均强度的不确定度 $u(\bar{I})$ 由测量重复性与样品不均匀性共同的不确定

度分量 $u_1(\bar I)$ 和 X 射线计数统计波动引入的不确定度分量 $u_2(\bar I)$ 构成。在待测样品上随机选择 10 点,分别测试 10s 的累计计数,测试结果见表 3-8-1 所示。

表 3-8-1　待测样品上随机 10 点的测试结果

次数 i	1	2	3	4	5	6	7	8	9	10
计数强度 $I_{Mi/cps}$	19585	19425	19460	19588	19771	19579	19733	19694	19490	19511
含量 C_i(质量分数)/%	20.161	20.019	20.051	20.188	20.368	20.187	20.333	20.288	20.078	20.096
平均强度 $\bar I_M$/cps	19583.6									
平均含量 C(质量分数)/%	20.177									
强度标准偏差 σ_M/cps	117.441									
含量标准偏差 σ(质量分数)%	0.121									

117.441cps 为单次测定的强度标准偏差,实际工作时以两次测定值 19560cps、19606.8cps 的平均值 19583.6cps 作为估计值。

$$u_1(\bar I)=u(\bar I_M)=\frac{\sigma_M}{\sqrt n}=\frac{117.441}{\sqrt 2}\approx 83.044$$

$$u_{1r}(\bar I)=\frac{u_1(\bar I)}{\bar I_M}=\frac{83.044}{19583.6}=0.4240\%$$

由《电子探针 X 射线显微分析》,在对特征 X 射线强度的测量过程中,即使在所有测量条件完全相同的情况下,测量结果也不完全一样,而是围绕一个数值上下波动,这称为 X 射线的统计性质,由此引起的误差叫做统计误差。按照计算 CSE(Counting Statistics Error)的通用方法,X 射线计数波动引入的不确定度为

$$u_2(\bar I)=\sqrt{\bar I_s} \tag{3-8-6}$$

$$u_{2r}(\bar I)=\frac{1}{\sqrt{\bar I_s}} \tag{3-8-7}$$

式中: $\bar I_s$——待测样品上单点检测的平均强度。

在待测样品上随机选择 1 点,连续测试 10 次,每次测 10s 的累计计数,测试结果见表 3-8-2 所示。

表 3-8-2　待测样品上随机 1 点 10 次的强度计数

次数 i	1	2	3	4	5	6	7	8	9	10
测定结果 I_{si}/cps	19372	19619	19526	19638	19538	19460	19508	19601	19466	19653
平均结果 $\bar I_s$/cps	19538.1									

由式(3-8-8)得

$$u_{2r}(\bar I)=\frac{1}{\sqrt{19538.1}}\approx 0.715\%$$

由此被测样品测试平均强度引入的相对不确定度分量为

$$u_r(\bar{I}) = \sqrt{[u_{1r}(\bar{I})]^2 + [u_{2r}(\bar{I})]^2} = \sqrt{(0.424\%)^2 + (0.715\%)^2} = 0.831\%$$

2)标准样品测试平均强度引入的相对不确定度分量 $u_r(\bar{I}_0)$

标准样品测试平均强度的不确定度 $u(\bar{I}_0)$ 由测量重复性引入的不确定度分量 $u_1(\bar{I}_0)$（标准样品不均匀性引起的不确定度已在标准样品定值不确定度分量中考虑）和 X 射线计数统计波动引入的不确定度分量共 $u_2(\bar{I}_0)$ 同构成。

为了确定标准样品测试平均强度的不确定度 $u(\bar{I}_0)$，在标准样品上随机任选 1 点，分别测试 10 次，各 10s 的累计计数，测试结果见表 3 - 8 - 3 所示。

表 3 - 8 - 3　标准样品上随机 1 点 10 次的强度计数

次数 i	1	2	3	4	5	6	7	8	9	10
测定结果 I_{0_i}/cps	19784	19677	19805	19806	19662	19794	19768	19612	19664	19767
平均结果 $\bar{I}_0$/cps					19733.9					
标准偏差 σ_0/cps					72.101					

72.101cps 为单次测定的标准偏差，实际工作时以两次测定值 19721.3cps 和 19745.8cps 的平均值 19773.6cps 作为估计值。标准样品平均强度测试过程中测量重复性引入的不确定度分量为

$$u_1(\bar{I}_0) = \frac{\sigma_0}{\sqrt{n'}} = \frac{72.101}{\sqrt{2}} \approx 16.334$$

式中：$\bar{I}_0$——标准样品上单点检测的平均强度；

σ_0——标准样品单点检测的强度标准偏差；

n——检测次数。

其相对不确定度分量为

$$u_{1r}(\bar{I}_0) = \frac{u_1(\bar{I}_0)}{\bar{I}_0} = \frac{16.334}{19733.6} = 0.0828\%$$

由式(3 - 8 - 7)得

$$u_{2r}(\bar{I}_0) = \frac{1}{\sqrt{\bar{I}_0}} = \frac{1}{\sqrt{19733.6}} = 0.712\%$$

由此

$$u_r(\bar{I}_0) = \sqrt{[u_{1r}(\bar{I}_0)]^2 + [u_{2r}(\bar{I}_0)]^2} = \sqrt{(0.0828\%)^2 + (0.712\%)^2} = 0.721\%$$

由式(3 - 8 - 5)得

$$u_r(f) = |u_r(\bar{I}) - u_r(\bar{I}_0)| = 0.831\% - 0.721\% = 0.11\%$$

(2)标准样品铜含量定值引入的不确定度分量 $u(C_0)$

标准样品证书显示，标准样品定值为 21.00%，不确定度 $U_0 = 0.36\%$（$k=2$）。

$$u(C_0) = \frac{U_0}{k} = \frac{0.36\%}{2} = 0.18\%$$

$$u_r(C_0) = \frac{u(C_0)}{C_0} = \frac{0.18\%}{21.00\%} = 0.8571\%$$

（3）ZAF 修正系数引入的不确定度分量 $u(ZAF)$

另取一标准样品，所有测试条件固定，重复测试同一点的定量结果，用其检测值的波动评价 ZAF 修正系数引入的不确定度分量 $u(ZAF)$，铜元素定值为质量分数 21.00% 的标准样品标定设备，在同一点检测标准样品的（ZAF）值，重复检测 10 次，结果见表 3 - 8 - 4 所示。

表 3 - 8 - 4 标准样品上随机一点 10 次的定量结果

次数 i	1	2	3	4	5	6	7	8	9	10
测定结果（AZF）$_{0i}$	1.015	1.021	1.022	1.017	1.025	1.009	1.012	1.011	1.007	1.014
平均结果（$\overline{ZAF}$）$_0$	1.0153									
标准偏差 σ_{ZAF}	0.5604									

标准差相对标称含量的比值作为 ZAF 引起的相对标准不确定度分量 $u(ZAF)$，即

$$u(ZAF) = \frac{\sigma_{ZAF}}{(\overline{ZAF})_0} = \frac{0.5604}{1.0153} = 0.552\%$$

式中：σ_{ZAF}——标准样品单点检测的（ZAF）值标准差；

（$\overline{ZAF}$）$_0$——标准样品测试（ZAF）平均值。

5. 计算合成标准不确定度

本实例评定中涉及的标准不确定度分量列于表 3 - 8 - 5。

表 3 - 8 - 5 标准不确定度分量一览表

不确定度分量	不确定度来源	相对标准不确定度
$u(f)$	测量强度比引起的标准不确定度分量	$u_r(f) = 0.11\%$
	- 待测样品测试平均强度的不确定度	$u_r(\overline{I}) = 0.831\%$
	- 标准样品测试平均强度的不确定度	$u_r(\overline{I}_0) = 0.721\%$
$u(C_0)$	标准物质引起的标准不确定度分量	$u_r(C_0) = 0.8571\%$
$u(ZAF)$	ZAF 引起的标准不确定度分量	$u(ZAF) = 0.552\%$

由于各分量不确定度来源彼此独立不相关，故输入量 X 的相对标准不确定度为

$$u_r(C) = \sqrt{[u_r(f)]^2 + [u_r(C_0)]^2 + [u_r(ZAF)]^2}$$

$$= \sqrt{(0.11\%)^2 + (0.8571\%)^2 + (0.552\%)^2} \approx 1.025\%$$

$$u(C) = u_r(C) \times \overline{C} = 1.025\% \times 20.177\% \approx 0.207\%$$

式中：$\overline{C}$——待测样品检测的平均含量（质量分数），% 。

6. 扩展不确定度的评定

取包含因子 $k = 2$，扩展不确定度为

$$U = k \times u(C) = 2 \times 0.207\% = 0.414\%$$

7. 测量不确定度报告

本实例报告依据 GB/T 15616—2008 方法，测定镍铜合金钢中铜含量的测量不确定度报告表示为

$$w = (20.18 \pm 0.42)\% \ (k = 2)$$

第四章　物理性能检测结果及探伤测量不确定度的评定实例

一、金相显微镜检测盘条样品总脱碳层深度的测量不确定度评定

1. 概述

（1）方法依据

依据 GB/T 224—2008《钢的脱碳层深度测定法》进行分析。

（2）测量设备

LEICA DMRD 金相显微镜。

（3）方法简述

将盘条样品置于金相显微镜下,在放大倍率为 50 下观察,参照标准进行测量。选出具有代表性的 5 个区域,每个区域进行 5 次测量,共得 25 个总脱碳层厚度数据。按同样的方法,共进行 10 人次测量。测量时,首先将测量位置清晰聚焦,然后利用 Qwin 软件收图,并由 Qwin 软件提供的测量尺进行测量。

2. 测量模型

$$Y = X \qquad (4-1-1)$$

式中：Y——输出量,被测盘条样品脱碳层深度,μm；

X——输入量,被测盘条样品脱碳层深度的测定结果,μm。

3. 测量不确定度来源分析

样品脱碳层本身的不均匀性及测量重复性引入的输入量 X 的测量不确定度分量 $u_1(x)$；由测量设备金相显微镜放大倍率的准确度引入的输入量 X 的测量不确定度分量 $u_2(x)$；由金相显微镜测定系统分辨率引入的输入量 X 的测量不确定度分量 $u_3(x)$；Qwin 软件测量标准尺准确度 $u_4(x)$ 等是本评定项目中不确定度的来源。

4. 不确定度分量的评定

（1）由样品脱碳层本身不均匀性及测量重复性引入的测量不确定度分量 $u_1(x)$

对选定的盘条样品进行脱碳层深度的测定,选择样品不同的 5 个区域共进行 25 次测定,数据见表 4-1-1。

标准偏差计算公式为

$$s_1 = \sqrt{\frac{\sum_{i=1}^{n}(x_i - \bar{x})^2}{n-1}} \qquad (4-1-2)$$

表 4 - 1 - 1　盘条样品脱碳层深度测定(第 1 组)

序号	1	2	3	4	5
测定值 x_i/μm	1174.15	1193.91	1184.62	1186.52	1168.93
序号	6	7	8	9	10
测定值 x_i/μm	1194.78	1192.39	1184.27	1170.52	1180.01
序号	11	12	13	14	15
测定值 x_i/μm	1189.06	1185.95	1196.32	1189.12	1196.6
序号	16	17	18	19	20
测定值 x_i/μm	1174.15	1193.91	1184.62	1177.08	1192.39
序号	21	22	23	24	25
测定值 x_i/μm	1186.49	1198.01	1180.24	1173.49	1175.66

为增加可靠性,在相同的测量条件下,另由 9 名本实验室人员对该样品进行脱碳层深度测定,另 9 组测定结果见表 4 - 1 - 2。

表 4 - 1 - 2　盘条样品脱碳层深度测定(第 2 组 ~ 第 10 组)

第 2 组				
序号	1	2	3	4	5
测定值 x_i/μm	1192.77	1183.88	1187.84	1183.67	1190.14
序号	6	7	8	9	10
测定值 x_i/μm	1180.28	1195.44	1197.78	1188.91	1178.63
序号	11	12	13	14	15
测定值 x_i/μm	1194.78	1170.52	1194.7	1192.39	1184.27
序号	16	17	18	19	20
测定值 x_i/μm	1187.45	1189.80	1193.57	1181.73	1190.16
序号	21	22	23	24	25
测定值 x_i/μm	1173.62	1174.64	1189.43	1179.09	1184.17
第 3 组				
序号	1	2	3	4	5
测定值 x_i/μm	1187.75	1190.57	1178.66	1178.61	1198.82
序号	6	7	8	9	10
测定值 x_i/μm	1184.65	1172.40	1189.14	1192.45	1188.80
序号	11	12	13	14	15
测定值 x_i/μm	1181.24	1178.88	1191.16	1188.24	1186.03
序号	16	17	18	19	20
测定值 x_i/μm	1175.67	1191.47	1189.35	1170.45	1173.49
序号	21	22	23	24	25
测定值 x_i/μm	1195.91	1179.90	1186.20	1189.44	1173.69

表 4 – 1 – 2(续)

第 4 组				
序号	1	2	3	4	5
测定值 $x_i/\mu m$	1189.58	1178.21	1196.32	1184.26	1172.12
序号	6	7	8	9	10
测定值 $x_i/\mu m$	1186.71	1177.08	1189.51	1189.03	1173.71
序号	11	12	13	14	15
测定值 $x_i/\mu m$	1188.61	1176.42	1181.07	1181.52	1197.91
序号	16	17	18	19	20
测定值 $x_i/\mu m$	1178.92	1197.13	1195.97	1174.75	1188.82
序号	21	22	23	24	25
测定值 $x_i/\mu m$	1173.41	1172.79	1181.22	1195.89	1188.10
第 5 组				
序号	1	2	3	4	5
测定值 $x_i/\mu m$	1194.32	1180.97	1185.76	177.63	1181.62
序号	6	7	8	9	10
测定值 $x_i/\mu m$	1186.55	1177.28	1177.93	1186.95	1186.63
序号	11	12	13	14	15
测定值 $x_i/\mu m$	1171.82	1189.73	1174.57	1186.92	1195.51
序号	16	17	18	19	20
测定值 $x_i/\mu m$	1182.60	1183.99	1193.03	1177.83	1182.72
序号	21	22	23	24	25
测定值 $x_i/\mu m$	1179.09	1184.88	1188.06	1191.64	1182.66
第 6 组				
序号	1	2	3	4	5
测定值 $x_i/\mu m$	1189.07	1188.84	1186.49	1188.60	1182.02
序号	6	7	8	9	10
测定值 $x_i/\mu m$	1176.74	1182.50	1180.48	1183.25	1186.89
序号	11	12	13	14	15
测定值 $x_i/\mu m$	1179.31	1179.47	1183.83	1177.83	1192.12
序号	16	17	18	19	20
测定值 $x_i/\mu m$	1194.77	1173.14	1184.96	1196.57	1196.58
序号	21	22	23	24	25
测定值 $x_i/\mu m$	1181.47	1178.86	1189.42	1187.01	1181.40

表 4-1-2(续)

第 7 组				
序号	1	2	3	4	5
测定值 $x_i/\mu m$	1179.03	1181.40	1184.38	1176.04	1195.72
序号	6	7	8	9	10
测定值 $x_i/\mu m$	1192.77	1181.72	1183.79	1178.10	1195.55
序号	11	12	13	14	15
测定值 $x_i/\mu m$	1195.08	1179.22	1180.11	1184.41	1178.15
序号	16	17	18	19	20
测定值 $x_i/\mu m$	1185.09	1176.69	1184.47	1188.82	1183.71
序号	21	22	23	24	25
测定值 $x_i/\mu m$	1186.72	1183.06	1194.89	1186.94	1181.29
第 8 组				
序号	1	2	3	4	5
测定值 $x_i/\mu m$	1179.92	1188.21	1179.43	1184.78	1181.83
序号	6	7	8	9	10
测定值 $x_i/\mu m$	1184.52	1171.25	1179.45	1188.64	1197.85
序号	11	12	13	14	15
测定值 $x_i/\mu m$	1199.70	1184.75	1189.01	1179.97	1173.13
序号	16	17	18	19	20
测定值 $x_i/\mu m$	1185.35	1191.24	1183.34	1183.3	1179.64
序号	21	22	23	24	25
测定值 $x_i/\mu m$	1180.47	1173.04	1177.18	1184.33	1183.06
第 9 组				
序号	1	2	3	4	5
测定值 $x_i/\mu m$	1176.55	1174.17	1182.53	1179.52	1180.90
序号	6	7	8	9	10
测定值 $x_i/\mu m$	1178.25	1183.9	1188.45	1191.40	1183.40
序号	11	12	13	14	15
测定值 $x_i/\mu m$	1184.23	1192.14	1188.63	1172.31	1193.05
序号	16	17	18	19	20
测定值 $x_i/\mu m$	1180.12	1184.25	1174.29	1186.80	1184.26
序号	21	22	23	24	25
测定值 $x_i/\mu m$	1191.44	1199.37	1175.51	1187.44	1186.07
第 10 组				
序号	1	2	3	4	5
测定值 $x_i/\mu m$	1185.27	1189.97	1187.81	1187.81	1194.67

表4-1-2(续)

序号	6	7	8	9	10
测定值 x_i/μm	1175.17	1187.22	1172.52	1182.89	1175.05
序号	11	12	13	14	15
测定值 x_i/μm	1176.73	1179.12	1171.96	1174.34	1184.34
序号	16	17	18	19	20
测定值 x_i/μm	1178.63	1181.08	1185.55	1189.28	1180.43
序号	21	22	23	24	25
测定值 x_i/μm	1177.95	1178.30	1187.95	1176.48	1178.52

根据式(4-1-2)计算标准偏差,各组数据标准偏差结果示于表4-1-3中。

表4-1-3 各组数据标准偏差

序号	1	2	3	4	5	6	7	8	9	10
s_j	8.82	7.32	7.74	8.44	6.14	6.17	6.08	6.79	6.76	6.12

合并样本标准差为

$$s_p = \sqrt{\frac{\sum_{j=1}^{m} s_j^2}{m}} \tag{4-1-3}$$

计算得到样本标准差 $s_p = 7.10$ μm。

标准差 s_j 的标准差 $\hat{\sigma}(s)$ 为

$$\hat{\sigma}(s) = \sqrt{\frac{\sum_{j=1}^{m} (s_j - \bar{s})^2}{m-1}} \tag{4-1-4}$$

计算得到 $\hat{\sigma}(s) = 1.01$ μm。

标准差的估计值为

$$\hat{\sigma}_{估}(s) = \frac{s_p}{\sqrt{2(n-1)}} \tag{4-1-5}$$

计算得到 $\hat{\sigma}_{估}(s) = 1.03$ μm。

因为 $\hat{\sigma}(s) < \hat{\sigma}_{估}(s)$,表示测量稳定,可直接使用 s_p。

日常测定中,一般取5次测定的平均值作为脱碳层厚度测定值,故由测量重复性引入的测量不确定度分量为

$$u_1(x) = \frac{s_p}{\sqrt{5}} = 3.18 \text{ μm}$$

(2)由金相显微镜放大倍率的不准确性引入的测量不确定度分量 $u_2(x)$

本评定项目中,使用的 LEICA DMRD 金相显微镜的放大倍率为50,由检定证书可知,放大倍率的不准确性为±2.7%,属于正态分布,若包含概率取95%,以上述10组数据的平均值1184.26μm作为测定样品脱碳层厚度的最终结果,则由金相显微镜放大倍率的不准确性

引入的测量不确定度分量 $u_2(x)$ 为

$$u_2(x) = \frac{1184.26 \times 2.7\%}{1.96} = 16.31\mu m$$

（3）由金相显微镜测定系统分辨力引入的测量不确定度分量 $u_3(x)$

金相显微镜测定系统的分辨力为 $0.01\mu m$，属于均匀分布，其引入的测量不确定度分量 $u_3(x)$ 为

$$u_3(x) \frac{0.01/2}{\sqrt{3}} = 0.0029\mu m$$

（4）Qwin 软件测量标准尺准确度引入的测量不确定度分量 $u_4(x)$

软件测量标准尺的准确度（即测量误差）为 $2\mu m$，由于测量的是放大的图像，所以实际引入的误差按放大倍数缩小。本次测量所使用的 LEICA DMRD 金相显微镜的放大倍率为 50 倍，所以软件测量标准尺的测量误差 $\leqslant \pm 0.04\mu m$，属于均匀分布，其所引入测量不确定度分量 $u_4(x)$ 为

$$u_4(x) = \frac{0.04}{\sqrt{3}} = 0.023\mu m$$

5. 计算合成标准不确定度

由于各分量间彼此不相关，故合成标准不确定度为

$$u_c = \sqrt{u_1^2(x) + u_2^2(x) + u_3^2(x) + u_4^2(x)} \qquad (4-1-6)$$

代入数值，计算可知合成标准不确定度为 $16.62\mu m$。

6. 扩展不确定度的评定

取包含因子 $k=2$，扩展不确定度为

$$U = k \times u_c = 2 \times 16.62 = 33.24\mu m$$

根据 JJF 1059.1—2012《测量不确定度评定与表示》，不确定度结果只允许有两位有效数字，故取 $U = 33\mu m$。

7. 测量不确定度报告

依据 GB/T 224—2008 方法，利用 LEICA DMRD 金相显微镜测量盘条样品总脱碳层深度的测量不确定度报告表示为

$$x = (1180 \pm 33)\mu m (k=2)$$

二、超声波纵波法探伤检测结果的测量不确定度评定

随着无损检测技术的广泛应用，对无损检测结果不确定度评定十分重要。在超声波探伤技术中，影响检测结果不确定度的因素很多，如探伤仪和超声波探头的性能以及检测技术的选择，均会对检测结果产生影响。另外，被检测件缺陷的性质、埋藏深度和方向也会对检测结果产生影响。根据 JJF 1059.1—2012，对纵波法探伤测量过程中的不确定度来源进行分析，采用直接评定法对各种因素引起的不确定度分量、合成不确定度、扩展不确定度进行较详细的评定，最后给出评定结果。

1. 概述

（1）方法依据

依据 GB/T 6402—2008《钢锻件超声检测方法》。

（2）评定依据

JJF 1059.1—2012《测量不确定度评定与表示》。

（3）检测仪器、工件

CTS-9006 超声波探伤仪、2.5Z20N 探头、CSK-Ⅰ试块、工件厚度 200mm。

（4）检测过程

根据 GB/T 6402—2008，使用汕头超声波研究所生产的 CTS-9006 超声波探伤仪及 2.5Z20N 探头，选用 CSK-Ⅰ试块，对厚度为 200mm 的工件的缺陷当量大小进行检测。

2. 建立测量模型

（1）缺陷定位

n 调节纵波扫描深度，缺陷波前沿所对应的水平刻度值为 τ_f，则缺陷至探头的距离为

$$X_f = n \cdot \tau_f \qquad (4-2-1)$$

式中：X_f——缺陷至探头距离，mm；

$\quad\quad n$——扫描调节比例；

$\quad\quad \tau_f$——缺陷波前沿所对应的水平刻度值，mm。

（2）缺陷当量

$$\phi_f = \phi \frac{X_f}{X} \times 10^{\frac{\Delta_{dB}}{40}}$$

式中：ϕ_f——缺陷当量，mm；

$\quad\quad \phi$——基准平底孔直径，mm；

$\quad\quad X_f$——缺陷至探头距离，mm；

$\quad\quad X$——工件厚度，mm；

$\quad\quad \Delta_{dB}$——缺陷回波高度与基准平底孔回波高度之比的分贝差。

3. 测量不确定度来源的分析

纵波法探伤的不确定度主要来源于使用的探伤仪、探头、试块、工件、耦合剂、缺陷位置、工件厚度、衰减量等因素引入的不确定度分量，在缺陷定位测量和定量分析过程中引入的不确定度分量、重复性引入的不确定度分量等。

4. 测量不确定度的评定

（1）缺陷定位结果的测量不确定度评定

1）缺陷位置的测定

仪器按 1:2 调节扫描深度，水平刻度值为 69.64，则缺陷位置为

$$X_f = n \cdot \tau_f = 2 \times 69.64 = 139.28mm$$

2）调节扫描深度引入的不确定度分量

调节扫描深度时会产生显示屏最小刻度限制的读数误差；所用仪器水平最小刻度为 0.1，则其不确定度分量为

$$u_1 = 0.1 \times 0.29 = 0.029$$

3）水平测量因素引入的不确定度分量

仪器的水平线性影响缺陷的定位精度，经检定仪器水平线性为 5.8×10^{-3}，服从正态分布（$k=3$），其标准不确定度分量为

$$u_{\text{rel},2} = \frac{5.8 \times 10^{-3}}{3} = 1.93 \times 10^{-3}$$

所以，$u_2 = 139.28 \times 1.93 \times 10^{-3} = 0.2688$。

水平刻度误差受仪器分辨力影响（分辨力 0.01），其相对标准不确定度分量为

$$u_{\text{rel},3} = \frac{0.01 \times 0.29}{139.28} = 2.08 \times 10^{-5}$$

水平刻度值分布重复测量 10 次，如表 4-2-1 所示，其平均值为 139.28，标准偏差 $s = 0.21$，所以单次测试值的相对标准不确定度分量为

$$u_{\text{rel},4} = \frac{s}{139.28} = \frac{0.21}{139.28} = 1.51 \times 10^{-3}$$

自由度为 $\nu_4 = n - 1 = 9$。

表 4-2-1　水平刻度值的测量数据

序号	1	2	3	4	5	6	7	8	9	10
缺陷深度/mm	139.46	139.48	139.11	139.06	139.47	139.50	139.08	139.09	139.48	139.07

为此，水平测量因素引起的相对标准不确定度分量为

$$\begin{aligned}
u_{\text{rel}}(\tau_{\text{f}}) &= \sqrt{u_{\text{rel},2}^2 + u_{\text{rel},3}^2 + u_{\text{rel},4}^2} \\
&= \sqrt{(1.93 \times 10^{-3})^2 + (2.08 \times 10^{-5})^2 + (1.51 \times 10^{-3})^2} \\
&= 2.45 \times 10^{-3} \\
u(\tau_{\text{f}}) &= 69.64 \times 2.45 \times 10^{-3} = 0.1706
\end{aligned}$$

4）合成不确定度

根据测量模型 $X_{\text{f}} = n \times \tau_{\text{f}}$ 得到输入量的灵敏系数为

$$c_n = \frac{\partial X_{\text{f}}}{\partial n} = \tau_{\text{f}} = 69.64; \quad c_{\tau_{\text{f}}} = \frac{\partial X_{\text{f}}}{\partial \tau_{\text{f}}} = n = 2$$

所以缺陷定位结果的合成不确定度为

$$u_{\text{c}}(X_{\text{f}}) = \sqrt{c_n^2 u_1^2 + c_{\tau_{\text{f}}}^2 u^2(\tau_{\text{f}})} = \sqrt{69.64^2 \times 0.029^2 + 2^2 \times 0.1706^2} = 2.048$$

5）扩展不确定度

一般包含因子 $k = 2$，包含概率大约为 95%，则扩展不确定度为

$$U = k \times u_{\text{c}} = 2 \times u_{\text{c}} = 2 \times 2.048 = 4.096 \approx 4\text{mm}$$

6）不确定度报告

缺陷定位测量结果的扩展不确定度报告为

缺陷位置 $X_{\text{f}} = 139\text{mm}$，$U = 4\text{mm}(k=2)$

用相对扩展不确定度报告为

缺陷位置 $X_{\text{f}} = 139\text{mm}$，$U_{\text{rel}} = 2.9\%(k=2)$

（2）缺陷当量大小

缺陷当量大小按式（4-2-2）计算。可以看出，缺陷当量大小受基准平底孔直径、缺陷位置、工件厚度、衰减量等因素的影响，而检测中衰减量变化由垂直线性、探头频率、衰减器误差、耦合剂、介质衰减等引起。

1）衰减引入的不确定度分量

a）垂直线性造成衰减引入的不确定度分量

已知垂直线性与衰减关系为

$$\Delta_{dB} = 20 \lg \frac{H_0}{H_1} = 20 \lg H_0 - 20 \lg H_1$$

式中：H_0——理想波高；

H_1——实测波高。

以下用 H_1' 表示一次实测波高；H_1'' 表示二次实测波高。

ⅰ）一次波高引入的不确定度分量。已知一次波高的线性误差为 4.7×10^{-2}，服从正态分布（$k=3$），相对标准不确定度分量为

$$u_{rel,5} = \frac{4.7 \times 10^{-2}}{3} = 1.57 \times 10^{-2}$$

自由度为 $\nu_5 = \infty$。

读数误差为 ± 0.5，服从均匀分布，范围为（$-0.5，+0.5$），其相对标准不确定度分量为

$$u_{rel,6} = \frac{0.5/\sqrt{3}}{139.28} = 2.073 \times 10^{-3}$$

为此，一次波高的相对标准不确定度分量为

$$u_{rel}(H_1') = \sqrt{u_{rel,5}^2 + u_{rel,6}^2} = \sqrt{(1.57 \times 10^{-2})^2 + (2.073 \times 10^{-3})^2} = 1.584 \times 10^{-2}$$

ⅱ）二次波高引入的不确定度分量。已知二次波高线性误差也为 4.7×10^{-2}，服从正态分布（$k=3$），相对标准不确定度分量为

$$u_{rel,7} = u_{rel,5} = \frac{4.7 \times 10^{-2}}{3} = 1.57 \times 10^{-2}$$

自由度为 $\nu_7 = \nu_5 = \infty$。

读数误差为 ± 0.5，同一次波高其相对标准不确定度为

$$u_{rel,8} = \frac{0.5/\sqrt{3}}{139.28} = 2.073 \times 10^{-3}$$

为此，二次波高的相对标准不确定度分量为

$$u_{rel}(H_1'') = \sqrt{u_{rel,7}^2 + u_{rel,8}^2} = \sqrt{(1.57 \times 10^{-2})^2 + (2.073 \times 10^{-3})^2} = 1.584 \times 10^{-2}$$

所以垂直线性误差造成衰减引入的相对标准不确定度分量为

$$u_{rel}(\Delta_{dB1}) = \sqrt{u_{rel}^2(H_1') + u_{rel}^2(H_1'')} = \sqrt{(1.584 \times 10^{-2})^2 + (1.584 \times 10^{-2})^2} = 2.24 \times 10^{-2}$$

b）频率造成衰减引入的不确定度分量

已知频率误差为 10%，服从正态分布（$k=3$），频率引入的相对标准不确定度分量为

$$u_{rel}(\Delta_{dB2}) = \frac{10\%}{3} = 3.3\%$$

自由度为 $\nu_9 = \infty$。

c）耦合剂造成衰减引入的不确定度分量

改变耦合剂厚度，测量其衰减量，用统计方法分析得出其不确定度分量。本次试验次数为 10 次，数据如表 4-2-2 所示，其试验平均值为 5.49dB，标准偏差 $s = 0.5666$。

表 4-2-2 衰减量数据

序号	1	2	3	4	5	6	7	8	9	10
衰减/dB	5.1	5.9	5.0	5.0	6.1	6.1	4.9	4.8	6.0	6.0

实际情况是以单次测试值为结果,改变耦合剂厚度,测量其衰减量引入的不确定度分量为

$$u_9 = s = 0.5666$$

而相对标准不确定度分量为

$$u_{rel,9} = \frac{s}{x} = \frac{0.5666}{5.49} = 10.32 \times 10^{-2}, \text{即 } u_{rel}(\Delta_{dB3}) = 10.32 \times 10^{-2}$$

d) 介质造成衰减引入的不确定度分量

对工件重复测 10 次,得出介质衰减数据,如表 4-2-3 所示。通过衰减数据可计算出其平均值为 5.3dB,标准偏差 $s = 0.2$dB。

表 4-2-3 介质衰减数据

序号	1	2	3	4	5	6	7	8	9	10
衰减/dB	5.2	5.2	5.1	5.1	5.5	5.5	5.6	5.4	5.1	5.5

实际情况是以单次测试值为结果,所以,重复测试介质衰减引入的不确定度分量为

$$u_{10} = s = 0.2\text{dB}$$

其相对标准不确定度分量为

$$u_{rel,10} = \frac{s}{x} = \frac{0.2}{5.3} = 3.77 \times 10^{-2}, \text{即 } u_{rel}(\Delta_{dB4}) = 3.77 \times 10^{-2}$$

e) 衰减量重复观测引入的不确定度分量

对工件测量 10 次,数据见表 4-2-4,求得其平均值为 6.2 dB,标准偏差 $s = 0.58$dB。

表 4-2-4 衰减量重复观测数据

序号	1	2	3	4	5	6	7	8	9	10
衰减/dB	6.6	5.8	5.7	5.6	6.9	6.8	6.8	5.5	6.7	5.6

实际情况是以单次测试值为结果,衰减量重复观测引起的不确定度分量为

$$u_{11} = s = 0.58\text{dB}$$

其相对标准不确定度分量为

$$u_{rel,11} = \frac{s}{x} = \frac{0.58}{6.2} = 9.35 \times 10^{-2}, \text{即 } u_{rel}(\Delta_{dB5}) = 9.35 \times 10^{-2}$$

f) 衰减量测量中读数误差和衰减器精度引入的不确定度分量

在衰减量测量中读数误差为 ±0.5,服从均匀分布,范围为 (-0.5,+0.5),则其相对标准不确定度为

$$u_{rel,12} = \frac{0.5/\sqrt{3}}{6.2} = 4.656 \times 10^{-2}$$

由衰减器精度影响(在 12dB 下测得)引入的不确定度分量计算如下:

已知衰减器误差 $\pm 0.5 dB$，服从正态分布（$k = 3$），所以相对标准不确定度分量为

$$u_{rel,13} = \frac{0.5}{3 \times 12} = 1.389 \times 10^{-2}$$

读数误差和衰减器精度导致的相对标准不确定度分量为

$$u_{rel}(\Delta_{dB6}) = \sqrt{(4.656 \times 10^{-2})^2 + (1.389 \times 10^{-2})^2} = 4.859 \times 10^{-2}$$

为此，衰减测量引起的相对标准不确定度分量为

$$u_{rel}(\Delta_{dB}) = \sqrt{u_{rel}^2(\Delta_{dB1}) + u_{rel}^2(\Delta_{dB2}) + u_{rel}^2(\Delta_{dB3}) + u_{rel}^2(\Delta_{dB4}) + u_{rel}^2(\Delta_{dB5}) + u_{rel}^2(\Delta_{dB6})}$$

$$\sqrt{(2.24 \times 10^{-2})^2 + (3.3 \times 10^{-2})^2 + (10.32 \times 10^{-2})^2 + (3.77 \times 10^{-2})^2 +}$$
$$\sqrt{(9.35 \times 10^{-2})^2 + (4.859 \times 10^{-2})^2}$$
$$= 15.74 \times 10^{-2}$$

为此

$$u(\Delta_{dB}) = 6.2 \times 15.74 \times 10^{-2} = 0.976$$

2）工件厚度引入的不确定度分量

工件厚度由卡尺测量 10 次，测量数据见表 4 - 2 - 5。

表 4 - 2 - 5　工件厚度测量数据

序号	1	2	3	4	5	6	7	8	9	10
厚度/mm	200.14	199.87	199.86	200.13	200.15	200.16	199.85	199.86	200.13	199.86

由表 4 - 2 - 5 可求出工件厚度平均值为 200mm，标准偏差 $s = 0.15mm$，于是工件厚度单次测量引入的相对标准不确定度分量为

$$u_{rel,14} = \frac{s}{\bar{x}} = \frac{0.15}{200} = 0.075 \times 10^{-2}$$

自由度为 $\nu_{19} = 10 - 1 = 9$。

卡尺分辨力为 0.02，其相对标准不确定度分量为

$$u_{rel,15} = \frac{0.02 \times 0.29}{200} = 0.0029 \times 10^{-2}$$

卡尺不确定度为 0.05（$k = 3$），服从正态分布，相对标准不确定度分量为

$$u_{rel,16} = \frac{0.05}{3 \times 200} = 0.008333 \times 10^{-2}$$

自由度为 $\nu_{21} = \infty$。

则工件厚度测量引起的相对标准不确定度分量为

$$u_{rel}(X) = \sqrt{u_{rel,19}^2 + u_{rel,20}^2 + u_{rel,21}^2}$$
$$= \sqrt{(0.075 \times 10^{-2})^2 + (0.0029 \times 10^{-2})^2 + (0.008333 \times 10^{-2})^2}$$
$$= 0.0755 \times 10^{-2}$$
$$u(X) = 200 \times 0.0755 \times 10^{-2} = 0.151mm$$

3）缺陷当量大小的合成不确定度

由于工件厚度、缺陷位置、衰减量等因素引入的不确定度分量之间相互独立且无关，可按照下式进行合成：

$$u_c^2(y) = \sum_{i=1}^{N} \left(\frac{\partial f}{\partial x_i}\right)^2 u^2(x_i) = \sum_{i=1}^{N} c_i^2 u^2(x_i) = \sum_{i=1}^{N} u^2(y)$$

对于本实例,由已知条件和试验结果,缺陷当量为

$$\phi_f = \phi \frac{X_f}{X} \times 10^{\frac{\Delta_{dB}}{40}} = 2 \times \frac{139.28}{200} \times 10^{\frac{6.2}{40}} = 1.99 \text{mm}$$

由测量模型可求得灵敏系数为

$$c_{X_f} = \frac{\partial \phi_f}{\partial X_f} = \frac{\phi}{X} \times 10^{\frac{\Delta_{dB}}{40}} = \frac{2}{200} \times 10^{\frac{6.2}{40}} = 0.01429$$

$$c_X = -\frac{\partial \phi_f}{\partial X} = \frac{\phi X_f}{X^2} \times 10^{\frac{\Delta_{dB}}{40}} = \frac{2 \times 139.28}{200^2} \times 10^{\frac{6.2}{40}} = -0.009959$$

$$c_{\Delta_{dB}} = \frac{\partial \phi_f}{\partial(\Delta_{dB})} = \frac{\phi X_f}{X} \times \frac{1}{40} \times 10^{\frac{\Delta_{dB}}{40}} \times \ln 10 = \frac{2 \times 139.28}{200} \times \frac{1}{40} \times 10^{\frac{6.2}{40}} \times \ln 10 = 0.1146$$

则缺陷当量的合成标准不确定度为

$$
\begin{aligned}
u_c(\phi_f) &= \sqrt{c_{X_f}^2 u^2(X_f) + c_X^2 u^2(X) + c_{\Delta_{dB}}^2 u^2(\Delta_{dB})} \\
&= \sqrt{0.01429^2 \times 2.048^2 + (-0.00995)^2 \times 0.151^2 + 0.1146^2 \times 0.976^2} \\
&= 0.1156 \text{mm}
\end{aligned}
$$

4)缺陷当量的扩展不确定度

在扩展不确定度评定中,一般包含因子 $k=2$,包含概率约为 95%,所以有

$$U(\phi_f) = k \times u_c(\phi_f) = 2 \times 0.1156 = 0.2312 \text{mm}$$

相对扩展不确定度为

$$U_{rel}(\phi_f) = \frac{0.2312}{1.99} = 12\% \ (k=2)$$

5)不确定度报告

纵波法探伤检测到的缺陷当量大小和测量不确定度为

$$\phi_f = 1.99 \text{mm}, U(\phi_f) = 0.23 \text{mm} (k=2)（采用相同量纲,末位对齐）$$

其意义是:可以期望在(1.99mm − 0.23mm)至(1.99mm + 0.23mm)的区间包含了缺陷当量测量结果可能值的 95%。

用相对形式报告为

$$\phi_f = 1.99 \text{mm}, U_{rel}(\phi_f) = 12\% \ (k=2)$$

第五章　硬脂酸甲酯塑料氧指数检测结果的不确定度计算

1. 概述

（1）测量方法

按照 GB/T 2406.2—2009《塑料 用氧指数法测定燃烧行为 第 2 部分:室温试验》进行试验。

（2）环境条件

依据 GB/T 2406.2—2009,试验在 23℃ ±2℃ 的条件下进行。

试样试验前在温度为 23℃ ±2℃ 和湿度为 50% ±5% 的条件下状态调节 88h。

（3）测量设备

氧指数仪,英国 FTT 公司,型号为 FTT – OI,带有高纯氧气和高纯氮气。

试验前确保仪器经过检定或校准,并且满足规范要求。

（4）被测对象

透明均质聚甲基丙烯酸甲酯(PMMA)试条,每组不少于 15 根,每根试条尺寸为 10mm × 10mm × 140 mm,试条内部无气泡,边缘无毛刺、缺损等。

（5）测量过程

1）点燃试样

将试样垂直固定在燃烧筒中,使氧、氮混合气流由下向上流通,用顶面点燃法点燃试样顶端不超过 30s,观察试样的燃烧特性,把试样连续燃烧时间与所规定的判据相比较,通过 180s 连续燃烧记录为"×";未通过 180s 连续燃烧记录为"○"。

2）初始氧浓度确定

点燃试样,确定燃烧反应类型为"×"和"○"的氧浓度间隔小于 1% 的氧浓度作为初始氧浓度。

3）改变氧浓度进行试验（N_T 系列测量）

在初始氧浓度下点燃试条,通过 180s 连续燃烧后降低一个步长的氧浓度,相反增加一个步长的氧浓度,重新点燃试条,记录燃烧反应类型,直到出现与初始氧浓度下燃烧反应类型相反的情况。

保持步长不变,按照"通过 180s 连续燃烧(燃烧类型为"×"),则降低一个步长,相反增加一个步长的氧浓度"的原则连续进行 4 个燃烧试验,记录每个试样的氧浓度和反应类型,最后一个试样的氧浓度记为"c_f"。

4）k 值的确定

根据上述 3）试验中试样的燃烧情况,得到一组"×"和"○"连续排列的反应类型,根据 GB/T 2406.2—2009 中表 4 查到 k 值,用于计算该组样品的氧指数。

（6）评定依据

JJF 1059.1—2012《测量不确定度与表示》。

2. 建立测量模型

根据 GB/T 2406.2—2009，氧指数测量模型为

$$OI = c_f + k \cdot d \qquad (5-0-1)$$

式中：OI——氧指数（体积分数），%；

　　　c_f——N_T 系列测量最后一个氧浓度值，取一位小数，%；

　　　d——测试过程中使用和控制的两个氧浓度之差，即步长，取一位小数，%；

　　　k——根据 N_T 系列燃烧情况，由 GB/T 2406.2—2009 中表4 获得的系数。

报告 OI 时，准确至 0.1%，不修约。

3. 测量不确定度主要来源分析

根据氧指数测试的特点，经分析，氧指数测定结果的不确定度来源主要有：N_T 系列最后一个氧浓度值 c_f 引入的不确定度分量 $u(c_f)$；步长 d 引入的不确定度分量 $u(d)$；氧指数检测标准规定，报告 OI 时，准确至 0.1%，不修约，因此，需要考虑数据切尾引入的不确定度分量 u_{rou}。

按照标准规定，测定材料氧指数时控制实验室温度在 23℃±2℃ 的范围内，在该温度范围内材料的伸缩、点火的难易引起的测量结果变化可以忽略，因此，环境条件引入的不确定度分量忽略不计。

4. 标准不确定度分量评定

（1）c_f 的标准不确定度分量 $u(c_f)$

c_f 是 N_T 系列测量中最后一个氧浓度值，该氧浓度由顺磁氧分析器测得，氧浓度测量不确定度由顺磁氧分析器校准证书给出。

根据顺磁氧分析器校准证书可以知道，顺磁氧分析器测定氧浓度的扩展不确定度为

$$U(c) = 0.2\% \, (k=2)$$

氧浓度测量不确定度为

$$u(c) = \frac{U(c)}{k} = \frac{0.2\%}{2} = 0.1\%$$

因此，c_f 的标准不确定度分量为

$$u(c_f) = u(c) = 0.1\%$$

（2）步长 d 的标准不确定度分量 $u(d)$

步长 d 为连续两次测量时，仪器显示的氧浓度之差，用公式 $d = c_2 - c_1$ 表示。测量PMMA氧指数试验过程中，步长 d 设定为 0.2%，步长 d 的不确定度由氧浓度 c_1 和 c_2 测量引入。顺磁氧分析器的分辨力为 0.1%，服从均匀分布（$k=\sqrt{3}$），氧浓度 c_1 和 c_2 测量的不确定度 $u(c_1) = u(c_2) = \frac{0.1\%}{\sqrt{3}} = 0.058\%$，氧浓度 c_1 和 c_2 测量引入的不确定度之间彼此独立不相关，则步长 d 的标准不确定度为

$$u(d) = \sqrt{u^2(c_1) + u^2(c_2)} = \sqrt{(0.058\%)^2 + (0.058\%)^2} = 0.082\%$$

（3）数据修约引入的标准不确定度分量 u_{rou}

根据 GB/T 2406.2—2009 的规定，报告氧指数时，准确至 0.1%，不修约。按照这个修约

规则,0.1%以下的数据全部舍弃,数据切尾引起的舍入误差服从均匀分布,氧指数测量结果数据切尾误差限为 -0.1%,则数据切尾引入的不确定度为

$$u_{\text{rou}} = \frac{a}{\sqrt{3}} = \frac{0.1\%}{\sqrt{3}} = 0.058\%$$

5. 计算合成不确定度

表 5 - 0 - 1 列出评定合成不确定度所需要的标准不确定度的分量汇总。

表 5 - 0 - 1 标准不确定度分量汇总

不确定度分量	不确定度来源	标准不确定度
$u(c_{\text{f}})$	N_T 系列测量最后一个氧浓度值	$u(c_{\text{f}}) = 0.1\%$
$u(d)$	步长 d	$u(d) = 0.082\%$
u_{rou}	OI 测量结果修约	$u_{\text{rou}} = 0.058\%$

因 N_T 系列最后一个氧浓度值、步长 d 以及数据修约引入的不确定度之间彼此独立不相关,因此,可用方和根公式进行合成。即

$$u_c^2(y) = \sum_{i=1}^{N}\left[\frac{\partial f}{\partial x_i}\right]^2 \cdot u^2(x_i) = \sum_{i=1}^{N} c_i^2 \cdot u_2(x_i)$$

所以

$$u_c(\text{OI}) = \sqrt{c^2_{c_\text{f}} \cdot u^2(c_\text{f}) + c^2_d \cdot u^2(d) + u^2_{\text{rou}}} \qquad (5-0-2)$$

由数学模型式(5 - 0 - 1)可得到合成标准不确定度时所需要的相应的不确定度传播系数,它们分别为

$$c_{c_\text{f}} = \frac{\partial(\text{OI})}{\partial c_\text{f}} = 1 \ ; \ c_d = \frac{\partial(\text{OI})}{\partial d} = k$$

k 值是根据测试过程的燃烧情况查表得到的系数,每组测量对应唯一的 k 值,但是不同测试组之间 k 值可能不同,假设 k 取绝对值最大值,即 $|k|_{\text{max}} = 2.01$。

将不确定度传播系数值及相应各数据代入式(5 - 0 - 2)得到氧指数测量结果的合成标准不确定度为

$$u_c(\text{OI}) = \sqrt{c^2_{c_\text{f}} \cdot u^2(c_\text{f}) + c^2_d \cdot u^2(d) + u^2_{\text{rou}}}$$

$$= \sqrt{(0.1\%)^2 + (2.01)^2 \cdot (0.082\%)^2 + (0.058\%)^2} = 0.20\%$$

6. 扩展不确定度的评定

扩展不确定度是由合成不确定度乘包含因子 k 得到,区间的置信概率为95%时,包含因子 $k = 2$。扩展不确定度为

$$U = ku_c = 2 \times 0.20\% = 0.40\%$$

7. 测量结果的不确定度的结果

聚甲基丙烯酸甲酯塑料氧指数测量结果的不确定度结果表示为

$$\text{OI} = 18.4\% , U = 0.4\% (k = 2)$$

第六章　橡胶门尼黏度测定结果
不确定度蒙特卡洛法评定

1. 概述

（1）方法依据

依据 GB/T 1232.1—2016《未硫化橡胶　用圆盘剪切黏度计进行测定 第 1 部分：门尼黏度的测定》进行分析。从待测的顺丁胶中取样 250g 左右，然后在开炼机上过辊，然后放置在压力机下，控制间距 6mm，保压 30min，得到厚度为 6mm 左右的胶片。采用直径 ϕ10mm 的切刀进行剪裁。测试样品由两个直径 ϕ10mm、厚度 6mm 左右的胶片组成，在其中一个胶片中心打一个圆孔以便转子插入。

（2）设备

门尼黏度计：MV－3000，德国蒙泰科公司。

2. 采用蒙特卡罗法的评定步骤

采用蒙特卡罗法（Monte Carlo Method，简称 MCM 法）进行评定涉及大量数值模拟和计算，需要借助计算软件来实现，目前有一些大型工具软件如 Mathcad、MatLab 等具备相关功能。考虑到便利及费用等因素，选择由软件公司开发的专用软件来实现该模拟和计算。利用软件进行测量不确定度的步骤包括：建立测量的数学模型；定义 MCM 样本数 n；定义数学模型中自变量的概率分布；计算平均值和标准不确定度等。

（1）建立数学模型

门尼黏度计的转子在充满橡胶的模腔内转动，转子受到橡胶施加的反转矩 T 的数学模型为

$$T = 2\int_0^R \eta(r) \times \frac{r \cdot \omega}{A} \times r \times 2\pi r \cdot \mathrm{d}r + \eta(s) \times \frac{R \cdot \omega}{B} \times R \times 2\pi R \cdot H \qquad (6-0-1)$$

式中：T——扭矩；

　　　r——到转轴的距离；

　　　R——转子半径；

　　　A——转子上面和下面模腔空隙；

　　　B——转子与模腔之间的距离；

　　　H——转子的厚度；

　　　ω——转子转动角速度；

　　　$\eta(r)$——转子上下表面的橡胶黏度系数；

　　　$\eta(s)$——转子侧面的橡胶黏度系数。

橡胶门尼黏度 G 与 T 的关系为

$$T = \frac{G}{100} W \cdot L \qquad (6-0-2)$$

式中：T——转子反扭矩，N·m；

G——门尼黏度；

W——标准砝码，N；

L——臂长，m。

联立式（6-0-1）、式（6-0-2）可得

$$G = \frac{100}{W \cdot L}\left(\frac{4\pi\omega\eta(r)}{A}\int_0^R r^3 \mathrm{d}r + \frac{2\pi h \cdot \omega \cdot R^3 \cdot \eta(s)}{B}\right) \qquad (6-0-3)$$

用平均黏度系数 $\eta(m)$ 来代替 $\eta(r)$、$\eta(s)$，可得

$$G = \frac{200\pi\omega \cdot R^3 \cdot \eta(m)}{W \cdot L}\left(\frac{R}{2A} + \frac{H}{B}\right) \qquad (6-0-4)$$

（2）确定 MCM 的实验次数

MCM 是一种基于随机数的计算方法，其理论基础是概率论中的大数定理和中心极限定理，模拟运算次数越多，模拟结果的可靠性越高。因此在采用 MCM 时需要确定最终的模拟次数，根据 JJF 1059.2—2012《用蒙特卡罗法评定测量不确定度》中 4.3.2 "取值应远大于 $1/(1-p)$"，至少大于 $1/(1-p)$ 的 10^4 倍，假设为输出量提供 95% 的包含区间，则 $1/(1-p)$ 的 10^4 倍为 2×10^5，基于此考虑，本次 MC 法试验次数 n 值定为 2×10^5、10^6、2×10^6，并比较模拟结果。

（3）模型中各输入量的概率分布信息

各输入量概率分布及相关信息如表 6-0-1 所示。

表 6-0-1　输入量参数一览表

输入量	获得的信息				概率分布
	μ	σ	a	b	
$\omega/(\mathrm{rad/s})$	—	—	0.207	0.211	$R(a,b)$
R/mm	—	—	19.02	19.05	$R(a,b)$
$\eta(m)$	—	—	*	*	$R(a,b)$
W	4.23kg	0.5g	—	—	$N(\mu,\sigma^2)$
L/m	0.2	0.5	—	—	$N(\mu,\sigma^2)$
A/mm	—	—	2.49	2.55	$R(a,b)$
B/mm	—	—	6.3	6.5	$R(a,b)$
H/mm	—	—	5.51	5.57	$R(a,b)$

* 根据 GB/T 1232.1—2016，温度允许的误差为 ±0.25℃。

项目	门尼黏度		$\eta(m)$	
	砝码	顺丁胶	砝码	顺丁胶
99℃	100	45.9	197227	90527
100℃	100	45.5	19227	89738
101℃	100	45.2	197227	89146

注：将温度与顺丁胶 $\eta(m)$ 拟合得到 $\eta(m) = 98.613x^2 - 20413x + 1144908$，将 99.75、100.25 代入得到 $a = 89572$，$b = 89917$。

（4）MCM 模拟运算

MCM 模拟运算采用 Mathcad 软件进行，Mathcad 自带了一个蒙特卡洛模拟函数，其格式为 montecarlo(F, n, R_{vals}, [limits, $dist$])，其中，参数 F 为一个实值函数，在不确定度评定中为测量模型的函数名；n 为要生成的蒙特卡洛样本数；R_{vals} 为实值函数 F 中自变量的统计信息矩阵；limits（可选）为长度与 R_{vals} 相同的矩阵；$dist$（可选）是一个长度与 R_{vals} 相同的分布函数向量，用于指定生成每个自变量所使用的统计分布。采用 Montecarlo 函数模拟的结果如表 6-0-2 所示。

表 6-0-2　Mathcad 软件蒙特卡洛模拟结果

运算次数/次	期望值 $E(G)$	标准不确定度 $u(G)$	约定为包含概率95%的包含区间
2×10^5	45.5	0.42	[44.68, 46.32]
10^6	45.5	0.42	[44.68, 46.32]
2×10^6	45.5	0.42	[44.68, 46.32]

上述模拟结果表明，当模拟次数达到 2×10^5 时，模拟的各种结果已经达到统计意义上的稳定，模拟结果具有较高的可信性。

3. 扩展不确定度的评定

取包含因子 $k = 2$，扩展不确定为

$$U = k \times u(G) = 0.9$$

参考文献

[1] 刘智敏. 不确定度及其实践[M]. 北京:中国标准出版社,2000.

[2] 李慎安. 测量不确定度表达百问[M]. 北京:中国计量出版社,2001.

[3] 王承忠. 测量不确定度与误差间的区别及在评定中应注意的问题[J]. 物理测试, 2004(1:3-5).

[4] 王承忠. 检测实验室测量不确定度评定方法的探讨[J]. 冶金分析, 2006,26(增刊):206.

[5] 王承忠. 材料理化检测测量不确定度评定方法的研究[J]. 理化检验,物理分册, 2007,(6):282-286.

[6] 王承忠. 测量不确定度验证方法及其应用实例[J]. 理化检验,物理分册,2008, (10):550-553.

[7] 王承忠. 测量不确定度基本原理和评定方法及在材料检测中的评定实例[J]. 理化检验,物理分册,2013,No.9(P.597-604),No.10(P.668-673),No.11(P.756-758),No. 12(P.823-826),2014 年 No.1(P.52-56),No.2(P.133-136),No.3(P.209-215),No. 4(P.281-286).

[8] 朱莉,王承忠,纪红玲,等. 扫描电镜测量微米级长度的不确定度评定[J]. 理化检验,物理分册,2003(1):32-34.

[9] 朱莉,王承忠,纪红玲. 分光光度计测铁矿石中钛的测量不确定度评定. 理化检验, 化学分册,2004(9):521-524.